DIE

LÖTHROHRANALYSE.

ANLEITUNG
ZU
QUALITATIVEN CHEMISCHEN UNTERSUCHUNGEN
AUF TROCKENEM WEGE.

MIT FREIER BENUTZUNG VON WILLIAM ELDERHORST'S
MANUAL OF QUALITATIVE BLOWPIPE ANALYSIS

BEARBEITET
VON
J. LANDAUER.

MIT IN DEN TEXT EINGEDRUCKTEN HOLZSCHNITTEN.

ZWEITE VERMEHRTE AUFLAGE.

SPRINGER-VERLAG BERLIN HEIDELBERG GMBH
1881

ISBN 978-3-662-40897-1 ISBN 978-3-662-41381-4 (eBook)
DOI 10.1007/978-3-662-41381-4

Softcover reprint of the hardcover 2nd edition 1881

Vorwort zur ersten Auflage.

Das Elderhorst'sche Manual of qualitative Blowpipe Analysis, welches in fünfter Auflage von den Professoren Nason und Chandler in New-York herausgegeben ist, hat wegen seiner praktischen Anordnung des Stoffes so grossen Anklang gefunden, dass ich einer Aufforderung zur Bearbeitung einer deutschen Ausgabe gern gefolgt bin.

Mit Rücksicht auf die einschlägige deutsche Literatur blieb mir aber keine andere Wahl, als in vielen Punkten vom Original abzuweichen. Die zahlreichen Werke, welche wir über die Löthrohranalyse besitzen, behandeln nämlich den mineralogischen Theil mit grosser Ausführlichkeit, während der chemische in den meisten Fällen in den Hintergrund gedrängt wird. Erst neuerdings ist in Folge eines viel empfundenen Bedürfnisses der chemische Charakter der Löthrohranalyse wieder mehr zur Geltung gebracht. Und dies mit vollem Recht. Denn die Löthrohranalyse ist nichts Anderes als eine einfache, schnell zum Ziele führende Methode der qualitativen chemischen Analyse, welche bei ihrer Anwendung auf Mineralogie und Metallurgie in ihrem Wesen nicht verändert wird. Deshalb hoffe ich, dass der vorliegende Leitfaden, wenngleich vom chemischen Standpunkt verfasst, dem Mineralogen und Hüttenmann nicht minder nützlich sein wird, als dem Chemiker.

Zu grossem Danke fühle ich mich gegen Herrn Professor Dr. Richter in Freiberg i. S. verpflichtet für die bereitwillige Erlaubniss, die tabellarische Uebersicht des Verhaltens der Metalloxyde etc. vor dem Löthrohr, welche in der von ihm bearbeiteten fünften Auflage von Plattner's „Probirkunst mit dem Löthrohr“ enthalten ist, dem Buche einzuverleiben.

Denjenigen, welche sich dieses Werkchens zum Selbststudium bedienen, werden die auf Seite XI angegebenen Uebungsbeispiele nicht unwillkommen sein. Auf diese Auswahl beziehen sich die in [ ] Parenthese gesetzten Zahlen, welche der Leser im Text nach der Beschreibung wichtiger Reactionen finden wird.

Braunschweig, 1. September 1875.

Der Verfasser.

Vorwort zur zweiten Auflage.

Die freundliche Aufnahme, welche dies Buch in Deutschland und durch Übersetzung ins Englische und Italienische auch im Ausland gefunden, hat mich bestimmen müssen, an dem Standpunkt festzuhalten, den ich bei der Bearbeitung der ersten Auflage eingenommen hatte.

Bei der vorliegenden zweiten Ausgabe war mein Bestreben darauf gerichtet, bewährte neuere Forschungen einzufügen, vorhandene Lücken auszufüllen und durch mancherlei Details für den practischen Gebrauch das Selbststudium zu erleichtern.

Unter den Zusätzen befindet sich eine kurze Übersicht der Geschichte des Löthrohres, ein systematischer Gang der Löthrohranalyse, eine neue, ausführlichere Darstellung der Bunsen'schen Flammenreactionen und eine Beschreibung des Verhaltens der flüchtigen Metalle auf Aluminiumblech, welches Ross als Ersatz für Holzkohle empfohlen hat.

Braunschweig, Ende August 1881.

Der Verfasser.

Inhalt.

IV. Capitel.

Tabellen.

Übungsbeispiele

zum Studium der wichtigsten Löthrohrreactionen.

Metalle.

1. Antimon.
2. Wismuth.
3. Blei.
4. Zinn.
5. Silber.
6. Arsen.
7. Zink.
8. Cadmium.

Oxyde.

9. Zinnoxyd.
10. Zinkoxyd.
11. Cadmiumoxyd.
12. Antimonoxyd
13. Wismuthoxyd.
14. Eisenoxyd.
15. Uranoxyd.
16. Molybdänsäure.
17. Chromoxyd.
18. Kobaltoxydul.
19. Kupferoxyd.
20. Wolframsäure.
21. Thonerde.
22. Arsenige Säure.

Sulfide.

23. Schwefelarsen u. -antimon (künstlich).
24. Schwefelarsen, -antimon, -blei u. -kupfer (künstlich).

Salze.

25. Kohlensaures Natron.
26. Borax.
27. Phosphorsalz.
28. Saures schwefelsaures Kali.
29. Flussspath.
30. Chlorkalium.
31. Bromkalium.
32. Jodkalium.
33. Chlornatrium.
34. Chlorammonium.
35. Chlorsaures Kali.
36. Salpetersaures Bleioxyd.
37. Salpetersaures Kobaltoxydul.
38. Oxalsaures Nickeloxydul.
39. Schwefelsaures Kupferoxyd
40. Kupferchlorid.
41. Arsensaures Kupferoxyd.
42. Quecksilberchlorür.
43. Quecksilberchlorid.

Legirungen.

44. Zinnamalgam.
45. Legirung von Blei und Antimon.
46. Legirung von Blei und Wismuth.
47. Legirung von Blei und Zink.
48. Legirung von Blei Kupfer u. Silber.
49. Legirung von Zinn und Kupfer.
50. Legirung von Zink u. Cadmium.

Mineralien.

51. Quarz.
52. Gyps.
53. Strontianit.
54. Witherit.
55. Magnesit.
56. Glimmer.
57. Feldspath.
58. Albit.
59. Petalit.
60. Haematit.
61. Rutil.
62. Pyrolusit.
63. Lepidolit.
64. Apatit.
65. Franklinit.
66. Uranpecherz.
67. Chromeisenstein.
68. Weissbleierz.
69. Malachit.
70. Antimonglanz.
71. Schwefelkies.
72. Kupferkies.
73. Arsenkies.
74. Speiskobalt.
75. Glanzkobalt.
76. Realgar.
77. Zinnober.
78. Kupfernikel.
79. Molybdänglanz.
80. Berthierit.
81. Bournonit.
82. Fahlerz.
83. Selenblei.
84. Tetradymit.
85. Vanadinit.

Die Firmen

Warmbrunn, Quilitz & Co. in **Berlin,** Rosenthaler Strasse 40.
August Lingke & Co. (Hildebrand & Schramm) in **Freiberg i/S.**
C. Gerhardt (Marquart's Lager chemischer Utensilien) in **Bonn.**
Lenoir & Forster in **Wien,** VI. Magdalenenstrasse 14.

haben sich bereit erklärt, die in diesem Werk beschriebenen Geräthschaften sowie die empfohlenen Uebungsbeispiele vorräthig zu halten.

Geschichtliche Entwickelung der Löthrohranalyse.

Das Löthrohr wurde zuerst um das Jahr 1660 gebraucht, wo man sich desselben in Italien in Form eines aus Krystallglas gefertigten Instrumentes zum Glasblasen bediente. Schon bald darauf, 1679, zeigte Kunkel (1638—1703) dass ein Glasblasetisch sich auch zu chemischen Versuchen eigne, indem man damit Metallkalke auf Kohle reduciren könne. Als dann J. A. Cramer (1710—1777) das Löthrohr dadurch vervollkommnete, dass er es aus Kupfer fertigen und mit einer Kugel zum Auffangen der Feuchtigkeit versehen liess, wurde der Gebrauch etwas weniger selten. Das Blasen mit dem Munde scheint aber doch vielen seiner Zeitgenossen beschwerlich gewesen zu sein, denn in einem zweiten Werke hat Cramer einen künstlichen Blaseapparat beschrieben. Cramer begnügte sich meist mit Schmelzversuchen, wandte indessen auch schon Borax an.

Weit erfolgreicher waren indessen die Bemühungen, welche in Schweden gemacht wurden, um das Löthrohr im Dienste der Chemie zu verwenden. Die ältesten Versuche scheinen von Anton von Swab (1703—1768) und A. F. Cronstedt (1702—1765) herzurühren, welche Mineralien und Erze damit untersucht haben. Cronstedt gründete auf das Verhalten zum Löthrohr ein Mineralsystem und wandte als Reagentien bereits Soda, Borax und Phosphorsalz an. Er selbst hat über seine Löthrohrversuche nichts veröffentlicht, seine Erfahrungen sind aber von G. von Engeström (1738—1813) aufgezeichnet und in einem Anhange zur englischen Ausgabe von Cronstedt's Versuch der Mineralogie herausgegeben, die erste Anleitung zum Gebrauch des Löthrohres. Da indessen die Benutzung des damals gebräuchlichen, wenig vollkommenen Instrumentes nicht leicht durch Lesen zu erlernen, sondern mehr von practischer Unterweisung abhängig war, so blieb das Löthrohr immer noch in wenigen Händen. In welchem Grade eine Übertragung der Kenntnisse und Fertigkeiten stattfand zeigt das Beispiel von Bergmann, Gahn und Berzelius.

Bergmann (1735—1784) verbesserte das Löthrohr, lehrte den Unterschied kennen zwischen der oxydirenden und reducirenden Flamme und untersuchte, unterstützt von seinem Schüler Gahn, eine grosse Zahl von Mineralien und anorganischen Verbindungen. Seine Erfahrungen legte er in der 1779 erschienenen Schrift Commentatio de tubo ferruminatorio nieder.

Gahn (1745—1818) hegte eine solche Vorliebe für das Löthrohr, dass er es stets bei sich führte und Alles, was sich ihm zur Analyse darbot, damit analysirte. In Folge dessen eignete er sich eine fast unglaubliche Fertigkeit im Gebrauch desselben an. So berichtet Berzelius, dass, längst ehe man den Kupfergehalt von Pflanzenaschen kannte, Gahn aus der Asche eines Viertelbogens Papier deutlich metallisches Kupfer abschied. Gahn gab dem Löthrohr die noch heute gebräuchliche Form (Fig. 1), führte den Platindraht als Unterlage, die Kobaltsolution als Reagens ein und entdeckte die Reduction der Metalloxyde mit Hilfe von Soda auf Kohle. Von seinen Arbeiten veröffentlichte Gahn nur wenig, theilte sie aber bereitwillig seinen Schülern und Freunden mit, von denen namentlich Berzelius seinen vertrauten Umgang genoss.

Berzelius (1779—1848) bereicherte und vervollkommnete wiederum die Methoden und Hilfsmittel der Löthrohranalyse, dehnte sie aus auf das ganze Gebiet der anorganischen Chemie und der Mineralogie und stellte das, was er von Gahn erfahren sowie die zahlreichen Ergebnisse seiner eigenen Arbeiten in seinem classischen Werke „die Anwendung des Löthrohrs in der Chemie und Mineralogie“ (1820) zusammen. Durch dieses Werk ist das Löthrohr zum Gemeingut aller Chemiker und Mineralogen geworden.

Nach Berzelius hat sich Plattner (1800—1858) grosse Verdienste erworben, durch Ausbildung der von Harkort zuerst erdachten und für Silber eingeführten quantitativen Löthrohranalyse sowie durch Ermittlung von Verfahren zur Auffindung von Körpern in zusammengesetzten Verbindungen. Seine „Probirkunst mit dem Löthrohr“, in späteren Auflagen von Richter neu bearbeitet und ergänzt, darf ebenfalls als ein classisches Werk bezeichnet werden. Bunsen hat in seinen im Jahre 1866 veröffentlichten „Flammenreactionen“ ganz neue Gesichtspunkte in die Analyse auf trocknem Wege eingeführt, indem er statt der Löthrohrflamme durchweg die Flamme der von ihm erfundenen Leuchtgaslampe zur Anwendung brachte. Da hierbei die in vielen wichtigen Reactionen als Unterlage verwendete Kohle unbenutzbar wurde, so sah sich Bunsen genöthigt, eine ganz andere Technik zu schaffen.

Die mannigfachen Bereicherungen, welche die Löthrohranalyse in den letzten Decennien erhalten hat, werden im Text des Buches zur Aufzeichnung gelangen.

I. Capitel.

Geräthschaften und Reagentien.

1. Das zu wissenschaftlichen Zwecken benutzte Löthrohr hat die in der nebenstehenden Figur abgebildete Form. Es besteht aus drei gesonderten Theilen: dem konischen, mit einem Mundstück versehenen Windrohr *AB*, dem Windkasten *C*, welcher die beim Blasen mitgerissene Feuchtigkeit zurückhält, und dem Seitenrohr *D*; letzteres endigt in einer Platinspitze *d*. Sämmtliche Theile passen luftdicht in einander, werden durch Friction zusammengehalten und lassen sich leicht auseinander nehmen. Die Länge des Löthrohrs beträgt gewöhnlich 200 mm., muss sich aber nach der Beschaffenheit der Augen des Besitzers richten. Kurzsichtige bedürfen eines kürzeren, Weitsichtige eines längeren Löthrohrs. Die Platinspitze hat am besten eine Oeffnung von 0,4 mm., doch ist es gut für Fälle, bei denen eine stärkere Löthrohrflamme nothwendig ist, eine zweite Spitze von 0,5 mm. zu besitzen. Ist die Oeffnung durch Russ verstopft, so wird sie durch Ausglühen über einer Weingeist- oder Gasflamme gereinigt. Von den Mundstücken sind die runden oder ovalen, welche, wie

Fig. 1.

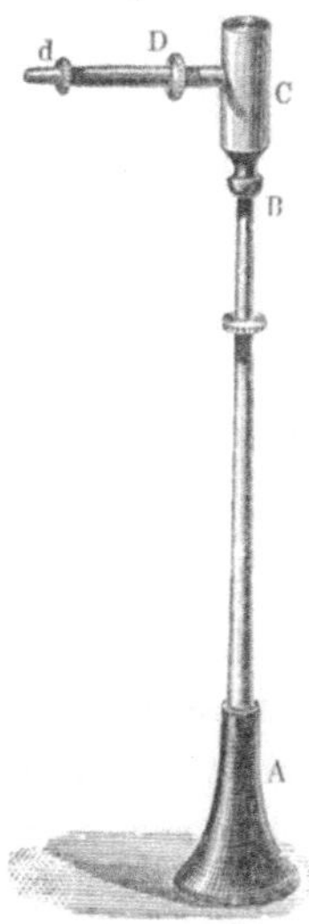

diejenigen der Trompeten, gegen die Lippen gedrückt werden, bei anhaltendem Arbeiten am meisten zu empfehlen, doch ist auch gegen den Gebrauch der länglichen welche von den Lippen umschlossen werden, nichts einzuwenden.

Bei manchen Versuchen ist es vortheilhaft, sich eines Standlöthrohres zu bedienen, um während des Arbeitens beide Hände frei zu haben und die Körperhaltung beliebig

Fig. 2.

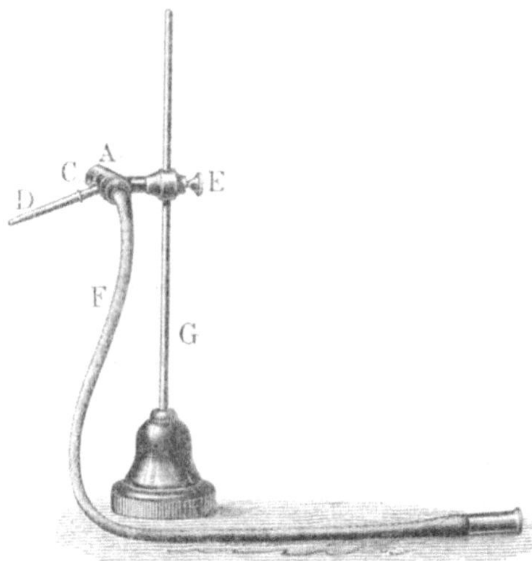

ändern zukönnen. In Fig. 2 ist eine Standvorrichtung abgebildet, welche sich an Theile eines gewöhnlichen Löthrohres anbringen lässt.

Die Messinghülse *A*, zur Aufnahme des Windkastens bestimmt, ist am Stativ *G* auf und ab beweglich sowie im Kreise drehbar und kann mittelst der Klemmschraube *E* überall festgestellt werden. Sie besitzt einen Ausschnitt *C*, dessen Breite dem Durchmesser des Seitenrohres *D* entspricht. Derselbe dient dazu, den Windkasten mit dem eingefügten Seitenrohr so drehen zu können, dass letzterem jede Neigung gegeben werden kann. Einer von selbst eintretenden Drehung des Windkastens wird durch einen an der Hülse angebrachten klemmenden Spalt vorgebeugt. Das Einblasen der Luft geschieht an Stelle des gewöhnlichen Windrohrs durch den mit Mundstück versehenen Kautschukschlauch *F*.

Anfängern ist das von Rabs construirte Standlöthrohr (Fig. 3) zu empfehlen, weil damit ein constanter Luftstrom

Fig. 3.

leicht zu erzielen ist. Dasselbe besitzt ein elastisches Windreservoir in Form eines Ballons aus rothem Gummi, welcher zum Schutz gegen Funken und übermässige Spannung mit einer Blechkugel umgeben ist. Das Rückströmen der Luft in den zum Einblasen dienenden Gummischlauch wird durch ein Kautschukventil verhindert. Das Löthrohr ist, wie aus der Abbildung ersichtlich, an einem Stativ mit Hilfe einer Klemmschraube beliebig verstellbar, gestattet aber nicht, dem Ausströmungsrohr eine geneigte Stellung zu geben.

Von den Löthrohrgebläsen, bei welchen der Luftstrom auf mechanische Weise zugeführt wird, ist das Rohrbeck'sche

Kautschukgebläse (Fig. 4) das gebräuchlichste. Es besteht aus einem Blasebalg A, der mit Hilfe der Hand oder des Fusses mit Luft gefüllt wird und der durch einen Kautschuk-

Fig. 4.

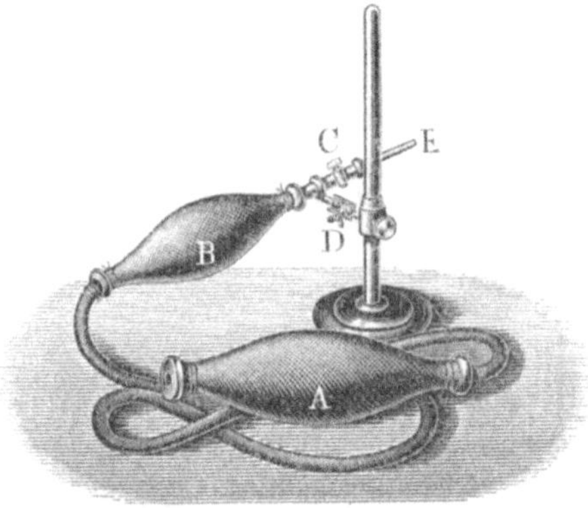

schlauch mit dem Windreservoir B verbunden ist; aus letzterem gelangt der Luftstrom in die Löthrohrspitze E, welche an einer Metallstange auf und nieder bewegt werden kann; durch

Fig. 5.

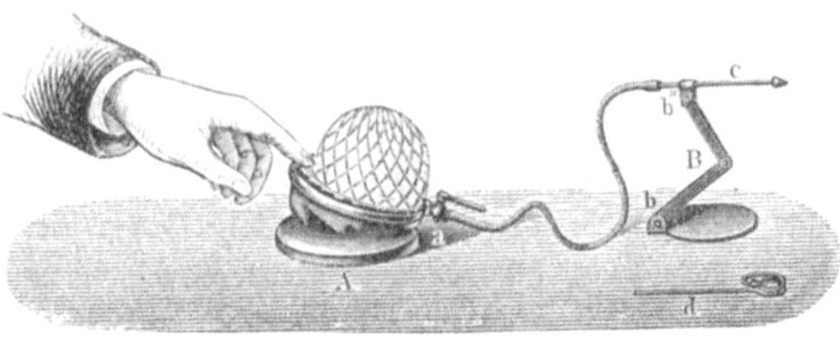

den Hahn C kann der Luftstrom regulirt werden, durch das Kugelgelenk D der Löthrohrspitze jede Stellung gegeben werden.

Ein anderes bequemes Gebläse (Fig. 5) ist von Fletcher construirt; der Windstrom wird durch das Handgebläse A

hervorgebracht, durch den Hahn *a* regulirt und durch einen Kautschukschlauch zum Standlöthrohr *B* fortgeleitet. Letzteres besteht aus einer Löthrohrspitze, welche sich auf einem Stativ befindet, das von drei mittelst Kniegelenke verbundenen Messingstäben gebildet wird. Diese Einrichtung gestattet eine schnelle Veränderung der Höhe und Neigung des Ausströmungsrohres. Dem Apparat wird eine zweite Löthrohrspitze *d* beigegeben, deren Ende mehrfach gewunden ist; bei dem Gebrauche werden die Windungen von der Flamme erwärmt, wodurch ein Heissluftgebläse, das eine viel heissere Flamme hervorbringt, gebildet wird.

Im Laboratorien, wo eine Hochdruckwasserleitung vorhanden ist, kann man Wasserstrahlgebläse, wie sie von Knublauch, Bach, Müncke u. A. construirt sind, benutzen. Das Princip dieser Apparate lässt sich an dem aus Glas gefertigten Bach'schen Gebläse (Fig. 6) veran schaulichen. Das durch die Röhre *ab* eintretende Wasser reisst durch den Schenkel *c* Luft mit fort, welche sich in dem cylindrischen Behälter *A* von dem Wasser wieder abscheidet und bei *d* zum Austritt kommt. Das Wasser wird durch die Röhre *efg*, deren Enden *e* und *g* auf gleicher Höhe stehen, abgeführt; in Folge dieser Einrichtung, kann es erst dann abfliessen, wenn im Apparat ein Luftdruck erzeugt ist, welcher einer Wassersäule von der Höhe *ef* das Gleichgewicht hält.

Fig. 6.

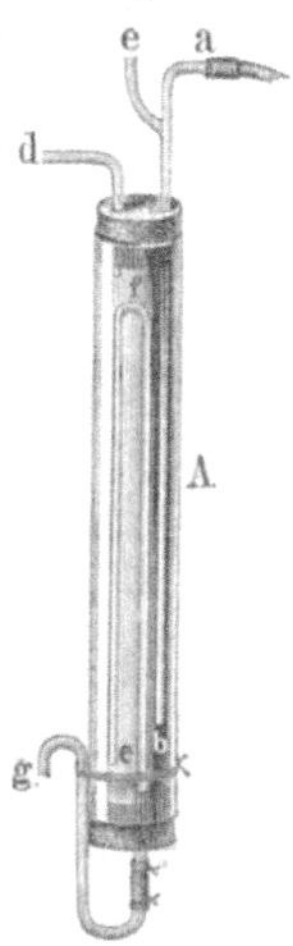

Man kann auch die meisten der gebräuchlichen Filtrirpumpen in Gebläse verwandeln, wenn man sie mit Woulf'schen Flaschen verbindet, aus welchen Luft und Wasser nach ihrer Absonderung in entsprechender Weise abgeführt werden.

Ein selbstthätiges Gebläse ohne Wasserleitung kann man

(Fig. 7) leicht mit Hilfe von zwei geräumigen, gleich grossen Flaschen zusammenstellen, deren untere Tubulatur ein Kautschukschlauch verbindet. Die eine dieser Flaschen wird etwa 1,5 m höher gestellt als die andere, aus welcher die durch das Wasser verdrängte Luft austritt, um zu einem

Fig. 7.

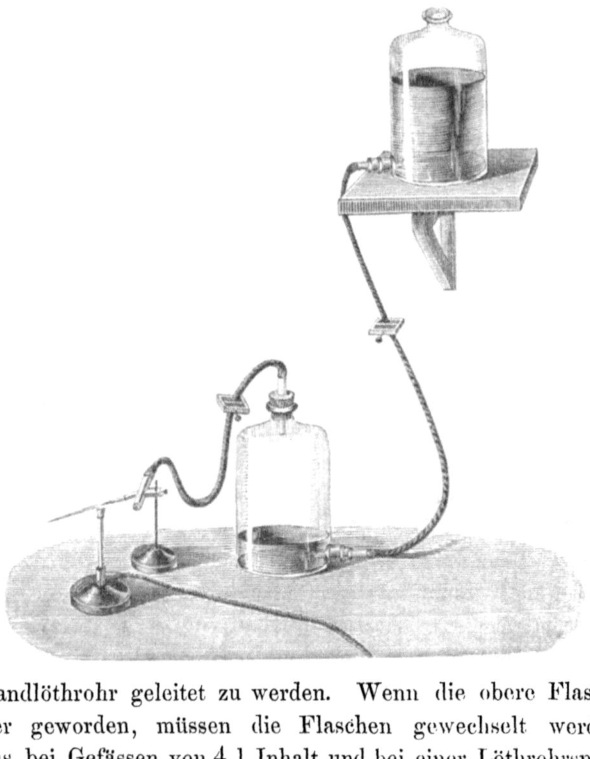

Standlöthrohr geleitet zu werden. Wenn die obere Flasche leer geworden, müssen die Flaschen gewechselt werden, was bei Gefässen von 4 l Inhalt und bei einer Löthrohrspitze von 0,4 mm. Öffnung etwa alle zehn Minuten erforderlich ist. — Durch Schraubenquetschhähne kann man sowohl den Wasserzufluss als auch den Luftstrom beliebig reguliren.

So bequem die mechanischen Gebläse auch sind, so stehen sie doch in der Leichtigkeit der Handhabung dem gewöhnlichen Löthrohr nach und man sollte sie daher nur bei Arbeiten von längerer Dauer anwenden, bei welchen das Blasen mit dem Munde eine Ermüdung der Backenmuskeln hervorbringen würde. Überdies ist zu bedenken, dass nur derjenige von der Löthrohranalyse den richtigen Nutzen haben wird, der sich mit dem Gebrauch des Mundlöthrohres völlig vertraut gemacht hat.

Fig. 8.

2. Als Löthrohrflamme benutzt man am bequemsten eine Bunsen'sche Gaslampe, in welche man eine Röhre einsenkt, die oben zu einem 1—2 mm. breiten Schlitz zusammengebogen und schräg abgeschnitten ist (Fig. 8). Die Röhre hat eine Länge von 100 mm. und verschliesst zugleich die Luftlöcher des Brenners.

Bei der Prüfung von Substanzen auf einen Schwefelgehalt darf indess eine Gasflamme nicht angewandt

Fig. 9.

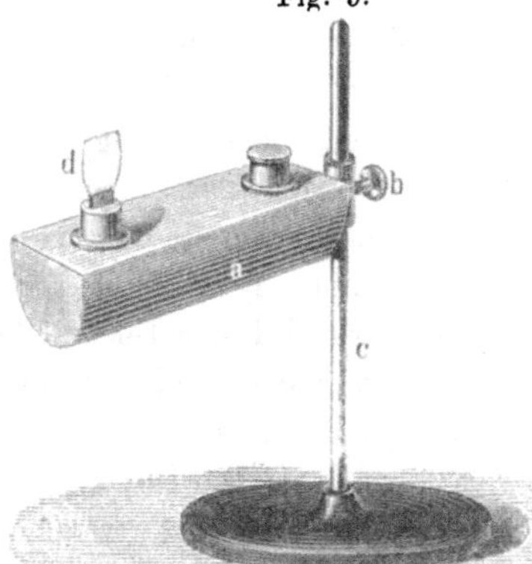

werden, weil der Schwefelgehalt des Steinkohlengases häufig gross genug ist, um zu falschen Resultaten Veranlassung zu geben.

Für alle exacteren Untersuchungen ist die von Plattner verbesserte Berzelius'sche Löthrohrlampe (Fig. 9) am meisten zu empfehlen. Dieselbe besteht aus dem Oelbehälter *a*, welcher durch eine Klemmschraube *b* an dem Stativ *c* befestigt ist und auf und nieder bewegt werden kann. An dem Oelbehälter sind oben zwei durch Schraubenkapseln verschliessbare Oeffnungen angebracht, von denen die eine, *d*, einen Brenner mit flachem Docht enthält, während die andere zur Aufnahme des Oels dient. Als Brennmaterial benutzt man Olivenöl oder raffinirtes Rüböl.

Fig. 10.

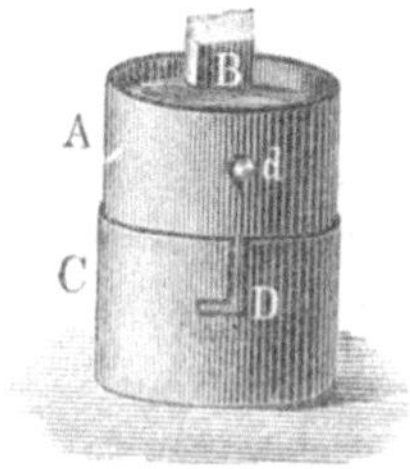

In neuester Zeit kommen Löthrohrlampen in Gebrauch, welche mit festen Fetten, Paraffin oder Talg, gespeist werden und ihren Zweck gut erfüllen; sie sind auf Reisen besonders bequem. Die Foster'sche Lampe (Fig. 10) wird von einem cylinderischen Gefäss *A* gebildet, an welches der Dochthalter *B* gelöthet ist. Der Docht muss von grober Beschaffenheit sein und mehrfach zusammengelegt werden. Beim Gebrauch richtet man die Flamme zunächst auf das Brennmaterial, um dieses zum Schmelzen zu bringen, worauf die Flamme stundenlang fortbrennt. Nach der jedesmaligen Benutzung wird der Docht, ehe das Fett erstarrt, mit der Pincette etwas herausgezogen und für einen neuen Versuch vorgerichtet. Der Deckel *C*, der zugleich als Untersatz dient, wird durch einen Bayonettverschluss *D* (*d*) befestigt.

Fig 11.

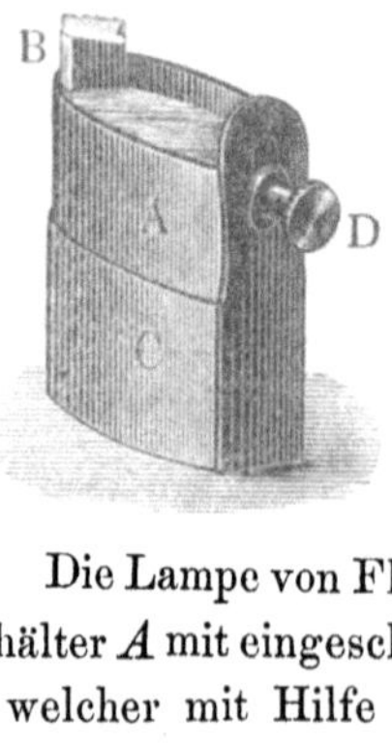

Die Lampe von Fletcher (Fig. 11) besteht aus dem Paraffinbehälter *A* mit eingeschobenem Dochthalter *B* und dem Deckel *C*, welcher mit Hilfe der Klemmschraube *D* befestigt wird.

Derselbe dient ebenfalls beim Gebrauch als Untersatz und ist zu diesem Zweck durch eine Bleiplatte beschwert.

Eine Spirituslampe mit flachem, nicht zu kleinem Brenner kann auch zu Löthrohr-Untersuchungen benutzt werden, wenn man dem Weingeist eine kohlenstoffreichere Verbindung zusetzt (1 Th. Terpentin oder 3 Th. Benzol auf 12 Th. Alkohol). Eine solche Lampe giebt eine recht gute Hitze und braucht nicht so oft gereinigt zu werden wie eine mit Oel gespeiste.

Fig. 12.

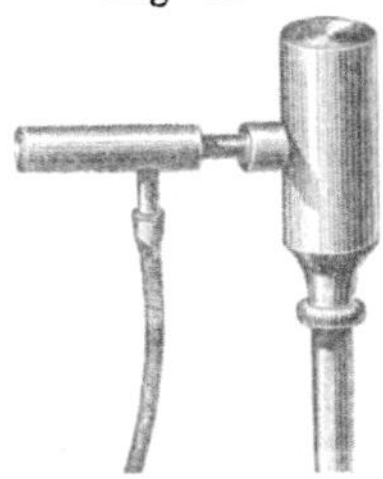

Bis zu Gahn's Zeiten wurden ausschliesslich Kerzen als Löthrohrflammen verwandt, welche auch für die meisten Versuche ausreichen. Man bedient sich starker Kerzen, sogenannter Wagenkerzen, und biegt den Docht nach der Seite um, nach welcher die Löthrohrflamme gerichtet wird; das Herabfliessen des Stearins wird durch Umwicklung der Kerze mit Zinnfolie verhindert.

Fig. 13.

Es sind auch Gaslöthrohre construirt, welche gleichzeitig Lampe und Löthrohr in sich vereinigen. Bei ihnen ist das Ausströmungsrohr von einem Gehäuse umschlossen, in welches ein mit der Gasleitung communicirender Kautschukschlauch Leuchtgas einführt. Letzteres mischt sich mit der durch das Löthrohr eingeblasenen Luft und je nach dem geringeren oder grösseren Verhältniss von Luft zu Gas entsteht eine reducirende oder oxydirende Flamme.

Fig. 12 stellt ein gewöhnliches, Fig. 13 ein Standlöthrohr mit dieser Vorrichtung vor.

3. Als feuerfeste Unterlagen, beim Erhitzen von Substanzen vor dem Löthrohr, dienen hauptsächlich Kohle, Platin und Glas.

Die Holzkohle nimmt unter ihnen, wegen ihrer Unschmelzbarkeit, geringen Wärmeleitung und ihrer Reductionskraft den ersten Platz ein. Kohle von leichten Hölzern, wie z. B. Fichten, ist die beste; sie muss gut ausgebrannt sein und darf weder rauchen noch Funken sprühen Man sägt sie in parallelepipedische Stücke von 10 cm. Länge, 3 cm. Breite und 2 cm. Dicke und gebraucht nur die Seiten, welche Jahresringe zeigen.

Als Ersatz für Holzkohle lässt sich die sogenannte plastisch-poröse Kohle, welche fabrikmässig dargestellt wird, benutzen. Man kann sie auch selbst anfertigen, indem man gepulverte Holzkohle mit Stärkekleister zu einer plastischen Masse mengt, diese in Stücke presst, austrocknen lässt und, um das Bindemittel zu zerstören, in einem geschlossenen Tiegel schwach glüht.

Der beste Ersatz für Holzkohle ist das von Ross*) eingeführte Aluminiumblech; ein Stück von etwa 10 cm. Länge, 5 cm Breite und 1 mm. Dicke wird an dem einen Ende in einen Winkel von 80^0 so umgebogen dass ein 2 cm. breiter Rand entsteht Das Umbiegen gelingt leicht, wenn man das Blech zuvor erwärmt hat. Man feilt die scharfen Seiten und Ecken ab, reinigt die Platte mit Knochenkohle und polirt sie mittelst Waschleder und Putzpulver. Die Probe wird entweder unmittelbar auf den Rand der Platte gelegt oder sie erhält eine kleine Kohlenunterlage von etwa 15 qmm. Grösse und 2 mm. Dicke. Das Aluminiumblech wird nach dem Gebrauch mit Waschleder und feuchter Knochen-

---

*) Ross, Pyrology or fire chemistry, London 1875 bei Spon Vergl. auch Hutchings, Chem. News XXXVI. 208. 217.

kohle gereinigt und kann lange Zeit hindurch gebraucht werden.

Platin, welches besonders in Drahtform häufig verwendet wird, hat der Kohle gegenüber den Vorzug, Oxydationsversuchen nicht reducirend entgegenzuwirken und die Farben von Glasflüssen leichter erkennen zu lassen.

Man schneidet Platindraht von der Dicke eines Pferdehaares in Stücke von 8 cm. und biegt sie an den Enden zu Haken um, welche den Flussmitteln als Halt dienen. Kleinere Stücke Draht werden mit einem Ende in eine ausgezogene Glasröhre eingeschmolzen. U-förmige Oehre, welche in den meisten Fällen gebraucht werden, bilden kugelige Perlen, während O-förmige ein plattes linsenförmiges Glas hervorbringen, das bei einer tiefen Färbung des Flussmittels eine bessere Erkennung der Farbe gestattet. Um die Drähte immer rein zu haben, bewahrt man sie in einem mit Wasser gefüllten Glase auf.

Platinblech, dessen Gebrauch sehr beschränkt ist, wird in Stücken von 50 mm. Länge und 15 mm. Breite angewandt. Ein kleiner Platinlöffel ist sehr dienlich beim Zusammenschmelzen von Substanzen mit saurem schwefelsauren Kali oder Salpeter. Zum gleichen Zweck lässt sich auch eine Platinspirale von 2—3 mm. Breite, welche durch Umwickelung einer Bleistiftspitze mit feinem Platindraht hergestellt wird, benutzen.

Glasröhren und Glaskölbchen werden sehr häufig verwandt und sind deshalb stets vorräthig zu halten.

Zum Erhitzen von Körpern unter Luftzutritt (Rösten) dienen offene Röhren von 6 mm. Durchmesser und 100 mm. Länge, während Kölbchen oder an einem Ende zugeschmolzene Glasröhren benutzt werden, um Substanzen für sich allein, ohne Luftzutritt zu erhitzen.

4. Von anderen Geräthschaften sind die nothwendigsten:

Ein Achatmörser von 40—50 mm. Durchmesser.

Eine Pincette mit Platinspitzen, welche durch Druck geöffnet wird.

Eine gewöhnliche Pincette von Stahl.

Eine stählerne Kneifzange, um von Mineralien kleine Proben abzubrechen.

Ein kleiner Hammer und Amboss; beide von gehärtetem Stahl und gut polirt.

Ein kleiner Magnet in Form eines vierkantigen Stäbchens

Eine Loupe.

Ein Spatel von polirtem Eisen.

Farbige Gläser von 12 cm. Länge und 5 cm.. Breite und zwar ein blaues durch Kobaltoxydul, ein violettes durch Manganoxyd, ein rothes durch Kupferoxydul und ein grünes durch Eisenoxyd und Kupferoxyd gefärbtes Glas. Die im Handel vorkommenden Sorten, wie sie zur Verzierung von Fenstern verwendet werden, haben gewöhnlich die richtigen Nüancen.

Ein Indigoprisma (Fig. 14) von fein geschliffenem Krystallglas. Das Prisma wird gefüllt mit einer aus 1 Th. Indigo in 8 Th. rauchender Schwefelsäure bestehenden Lösung, welche mit 1500—2000 Th. Wasser versetzt und filtrirt wird.

Fig. 14.

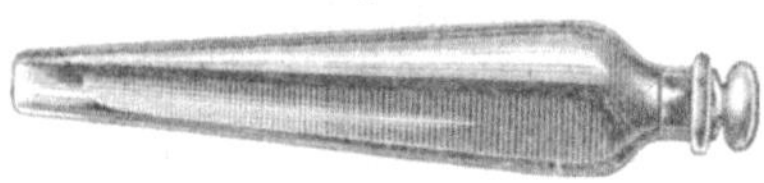

Beim Gebrauch hält man das Prisma dicht vor das Auge und bewegt es in horizontaler Richtung, dergestalt, dass das Licht der gefärbten Flamme nach und nach dickere Schichten des absorbirenden Mediums zu passiren hat.

5. Die Reagentien, welche bei Löthrohr-Untersuchungen zur Anwendung kommen, müssen, wie bei allen chemischen Analysen, so rein wie möglich sein.

Borax. ($Na_2B_4O_7 + 10\,H_2O$.) Der käufliche Borax wird umkrystallisirt, die Krystalle werden mit destillirtem

Wasser gewaschen, getrocknet und gepulvert. Borax schmilzt beim Erhitzen unter Aufblähen zu einer glasartigen Masse und besitzt die Eigenschaft, Metalloxyde unter charakteristischen Farben aufzulösen.

Phosphorsalz. ($NH_4NaHPO_4 + 4\ H_2O$.) Dasselbe muss ein, nach der Abkühlung, völlig klares Glas geben; ist das nicht der Fall, so muss es durch Umkrystallisiren gereinigt werden. Phosphorsalz findet dieselbe Anwendung wie Borax. Es geht beim Glühen in metaphosphorsaures Natron über, das beim Schmelzen mit Metalloxyden zum Theil schöner, zum Theil anders gefärbte Glasflüsse bildet als Borax. Die Anwendung dieses Reagens ist aber eine umständlichere, weil es beim Erhitzen stark aufbraust und dabei leicht vom Platindraht abtropft.

Kohlensaures Natron (Na_2CO_3) muss frei von Schwefelsäure sein, auf welche es nach § 162 zu prüfen ist. Man kann sich sowohl des kohlensauren als des doppeltkohlensauren Salzes bedienen.

Soda findet als Reductions-, Auflösungs- und Aufschliessungsmittel eine ausgedehnte Anwendung.

Neutrales oxalsaures Kali und insbesondere Cyankalium wirken noch stärker reducirend als Soda und sind daher in Fällen, wo bei dem letzteren Reagens ein sehr kräftiges Feuer erforderlich ist, vorzuziehen. Da Cyankalium zu leicht schmilzt, bedient man sich eines Gemisches von gleichen Theilen Soda und Cyankalium.

Salpeter (KNO_3) und chlorsaures Kali ($KClO_3$) werden zu oxydirenden Schmelzungen verwandt.

Saures schwefelsaures Kali ($HKSO_4$). Das wasserfreie Salz ist, grob gepulvert, in einem gut verschliessbaren Glase aufzubewahren. Es dient zur Austreibung flüchtiger Substanzen, welche am Geruch oder an der Farbe ihrer Dämpfe erkennbar sind; ausserdem zur Aufschliessung.

Unterschwefligsaures Natron ($Na_2S_2O_3$), vom Krystallwasser grösstentheils befreit, dient zur Ueberführung der Metalloxyde in Sulfide.

Flussspath ($CaFl_2$) frei von Borsäure, auf welche nach § 122 zu prüfen ist, wird zur Auffindung von Lithium und Borsäure benutzt. Es ist rathsam, in einer besonderen Flasche ein Gemisch von 1 Th. feingepulvertem Flussspath mit 4 Th. saurem schwefelsauren Kali aufzubewahren.

Verglaste Borsäure (käuflich zu haben) kommt in kleinen Stücken zur Anwendung und dient zur Auffindung von geringen Mengen Kupfer in Blei.

Kieselerde (SiO_2) zur Prüfung auf Fluor sowie auf schwefel- und phosphorsaure Salze.

Salpetersaures Kobaltoxydul ($CoN_2O_6 + 6 H_2O$) in Lösung. 1 Th. des chemisch reinen Salzes wird in 10 Th. Wasser gelöst. Da stets nur wenige Tropfen dieses Reagens angewendet werden, empfiehlt es sich, dasselbe in einer Flasche aufzubewahren, die als Stöpsel eine luftdicht schliessende Pipette hat, welche oben offen und mit Blase zugebunden ist. Durch Druck und Aufheben des Fingers tritt die Flüssigkeit in die Pipette, aus welcher man sie wieder durch Druck mit dem Finger tropfenweise herauslassen kann. Derartige Flaschen kommen im Handel vor.

Dieses Reagens dient zur Erkennung einiger Erden und Metalloxyde, welche beim Glühen mit demselben charakteristische Färbungen annehmen.

Kupferoxyd (CuO), durch Glühen von salpetersaurem Kupferoxyd in einem Porcellanschälchen leicht zu bereiten, wird zur Entdeckung von Chlor, Brom und Jod benutzt.

Chlorsilber ($AgCl$) im dickflüssigen Zustande zur besseren Hervorbringung von Flammenfärbungen. Beim Gebrauch dieses Reagens ist statt Platindrahts Eisendraht zu nehmen.

Magnesiumdraht in Stücken von 5 mm. Länge wird bei der Probe auf Phosphorsäure gebraucht.

Zinn findet Anwendung, um in Glasflüssen den höchsten Grad der Reduction hervorzubringen. Man schneidet Stanniol in schmale Streifen, rollt dieselben fest auf und berührt damit die heisse Perle, welche dadurch etwas geschmolzenes Zinn aufnimmt. Da Zinn sich mit Platin legirt, muss dies auf Kohle geschehen. Will man dies umgehen und die Perle am Platindraht belassen, so wendet man Zinnoxyd an.

Reines Blei (Probirblei) wird leicht erhalten, wenn man in eine Bleizuckerlösung einen Zinkstab stellt. Das metallisch ausgeschiedene Blei wird wiederholt gewaschen und dann zwischen Fliesspapier getrocknet.

Zink in Stangen oder Körnern, dient im Verein mit Salzsäure zur Erkennung einiger seltener Metalle, welche durch den nascirenden Wasserstoff aus ihren Lösungen reducirt und dadurch charakterisirt werden.

Goldkörnchen von 50—80 mgr. Schwere dienen zur Probe auf Nickel und Kobalt.

Silberblech zur Nachweisung von Schwefelverbindungen; als Ersatz kann eine blanke Silbermünze dienen.

Reagenspapiere, in schmale Streifen geschnitten. Blaues und rothes Lackmuspapier zur Erkennung saurer oder basischer Reaction und Fernambukpapier zur Auffindung von Fluorwasserstoff.

Schwefelsäure, H_2SO_4, im concentrirten Zustande, wird bei Prüfungen auf Flammenfärbung benutzt.

Salpetersäure, HNO_3, dient zur Scheidung von Silber und Gold.

Salzsäure, HCl, findet Anwendung bei der Untersuchung flammenfärbender Stoffe, zur Nachweisung von Kohlensäure und, mit Zink zusammen, zur Erkennung einiger seltener Metalle.

II. Capitel.

Die Operationen der Löthrohranalyse.

6. Die Löthrohranalyse beruht hauptsächlich auf den Reductions- und Oxydationserscheinungen, welche hervorgebracht werden, wenn man vermittelst eines Luftstroms einzelne Theile einer Flamme auf einen zu untersuchenden Körper einwirken lässt. Diese Wirkung beruht auf der Structur der leuchtenden Flamme. Betrachtet man eine solche Flamme, z. B. die einer Kerze (Fig. 15) so lassen sich daran drei Haupttheile unterscheiden:

Fig. 15.

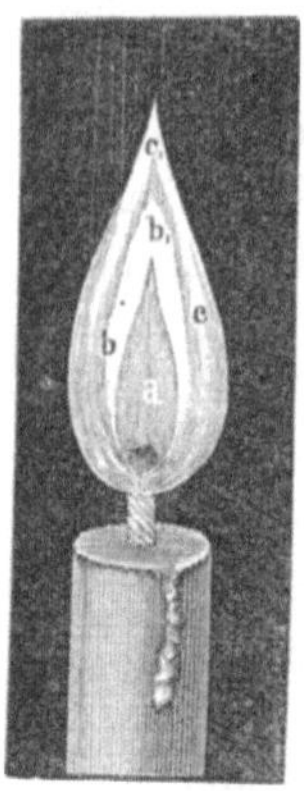

1) ein dunkler Kern *a*, welcher die gas- und dampfförmigen Zersetzungsproducte des durch den Docht aufgesogenen Leuchtmaterials enthält;

2) eine starkleuchtende Zone *bb'*, in welcher in Folge ungenügenden Luftzutritts, nur eine unvollkommene Verbrennung der brennbaren Gase stattfindet. Der Sauerstoff verbindet sich hauptsächlich mit dem leichter verbrennlichen Wasserstoff, während der Kohlenstoff im glühenden Zustande ausgeschieden wird und das Leuchten der Flamme bewirkt;

3) eine äussere, bläuliche Hülle *cc'*, in welcher der Sauerstoff der Luft stets im Ueberschuss vorhanden ist und die vollständige Verbrennung des ausgeschiedenen Kohlenstoffs

daher von Statten geht. In diesem Flammentheil herrscht die höchste Temperatur und ein hineingebrachter oxydirbarer Körper wird schnell oxydirt.

Ausser diesen drei Zonen ist an der Flammenbasis noch ein schön hellblauer Rand bemerkbar. Obwohl hier Sauerstoff genügend zutreten kann, findet doch, der zu niedrigen Temperatur wegen, keine vollkommene Verbrennung statt. Die Endproducte sind Wasserdampf und Kohlenoxydgas, welch' letzteres mit blauer Flamme brennt.

Die Flamme einer Oellampe bietet die gleichen Erscheinungen dar wie eine Kerzenflamme. Bei der Bunsenschen Gaslampe dagegen, wo das Leuchtgas aus einem kleinen Brenner im Innern der Röhre emporsteigt und durch die am Fuss der letzteren angebrachten Oeffnungen Luft mit fortführt, brennt das Gas mit nichtleuchtender Flamme. Sobald aber die Luftlöcher geschlossen werden, verwandelt sich die Flamme in eine leuchtende, die in ihrer Beschaffenheit der Kerzenflamme entspricht.

Für Löthrohruntersuchungen kommen nur die äussere, oxydirende Flamme cc' und die leuchtende, reducirende bb' in Betracht. Letztere wird auch innere Flamme genannt.

Fig. 16.

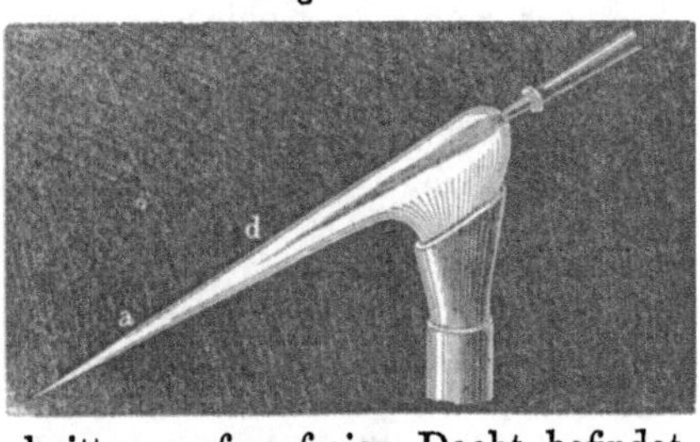

Um eine Reductionsflamme zu bekommen, hat man das Löthrohr so zu halten, dass die Platinspitze sich am Rande der Flamme in einiger Entfernung über dem Löthrohr-Gasbrenner oder dem schräg abgeschnittenen, faserfreien Docht befindet. Man lässt einen gelinden Luftstrom hindurchgehen, welcher die Flamme vor sich hertreibt, ohne sie vollständig zu durchdringen, so dass darin glühende Kohlenstofftheilchen noch verbleiben.

Auf diese Weise entsteht eine gelbe leuchtende Flamme (Fig 16) deren wirksamster Theil zwischen *a* und *d*, etwas näher nach *a* hin liegt.

Zur Hervorbringung einer Oxydationsflamme hält man die Löthrohrspitze ein wenig weiter in die Flamme, etwa bis auf den dritten Theil der Breite, und bläst kräftig. Man erhält dann eine spitze, nicht leuchtende Flamme (Fig. 17) mit einem inneren blauen Kegel, vor dessen Spitze der heisseste Punkt sich befindet. Zum Schmelzen werden Substanzen der Wirkung dieses Theils ausgesetzt, zur Oxydation indess etwas weiter abgehalten, damit ausser einer hohen Temperatur ein ungehindeter Luftzutritt vorhanden sei.

Fig. 17.

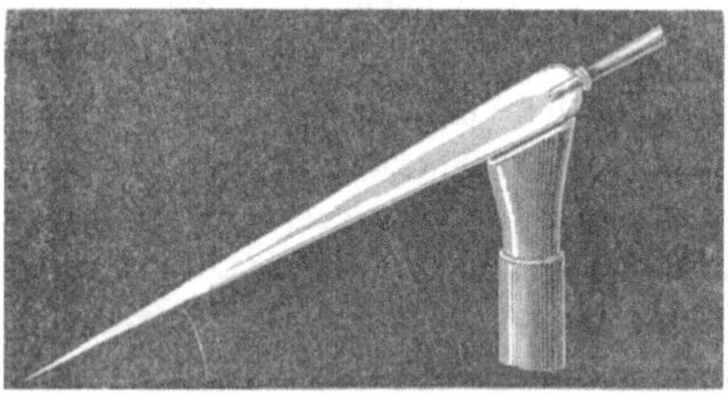

Befindet sich bei Oxydationsversuchen die Probe auf Kohle, so muss schwächer geblasen werden, weil sonst ein Theil der Kohle zu Kohlenoxydgas verbrennt, welches der Oxydation entgegenwirkt.

Des Kohlenoxydgehaltes wegen übt auch der innere blaue Kegel der Oxydationsflamme eine schwach reducirende Wirkung aus.

Während eine Oxydationsflamme leicht zu erhalten ist, erfordert die Hervorbringung einer guten Reduction schon einige Uebung. Es ist dazu nöthig, dass die Probe von dem wirksamen Theil der Flamme dauernd umhüllt und die Reductionsflamme längere Zeit unverändert erhalten wird. Dabei ist darauf zu sehen, dass die Probe nicht zu weit in die Flamme gehalten wird, weil sie sich sonst mit Russ überzieht, wodurch die Wirkung sehr beeinträchtigt wird. Da von der richtigen Beschaffenheit der oxydirenden und reducirenden Flammen der Erfolg der Löthrohrversuche wesentlich abhängt, so darf man es im Anfange an Uebung und Sorgfalt zur Erzielung wirksamer Flammen nicht fehlen lassen. Als Prüfstein für eine gute Reduction kann eine manganoxydhaltige Boraxperle dienen, welche in der Oxydationsflamme violett, bei starker Sättigung schwarz ist und durch eine gute Reductionsflamme fast vollständig entfärbt wird. Ebenso kann zur Erkennung einer reinen Oxydationsflamme eine Boraxperle benutzt werden, in welcher man Molybdänsäure gelöst hat. Eine solche Perle ist im Reductionsfeuer braun und undurchsichtig und kann nur durch eine gute Oxydationsflamme klar und gelb, nach dem Erkalten farblos, werden.

Das Blasen geschieht mit den Wangenmuskeln, ohne Mitwirkung der Athmungsorgane. Man holt durch die Nase Athem, füllt den Mund mit Luft, drückt diese mit Hilfe der Backenmuskeln durch das Löthrohr und verschliesst die Mundhöhle so lange mit dem Gaumen, bis der Mund von Neuem mit Luft gefüllt werden muss. Dies muss ohne Unterbrechung des Blasens geschehen und wird dadurch erreicht, dass beim nächsten Ausathmen wieder durch den Schlund Luft eingelassen wird. Nur auf diese Weise lässt sich ein constanter Luftstrom hervorbringen, ohne für die Gesundheit nachtheilige Folgen zu haben.

Man erlangt diese Fertigkeit bald, wenn man sich einige Zeit übt mit aufgeblasenen Wangen zu athmen, dann das Löthrohr in Gebrauch nimmt und während des Blasens deutlich hörbar, weder schneller noch langsamer als gewöhnlich, Athem holt.

Man hält das Löthrohr mit der rechten Hand so, dass

der eingebogene vierte und fünfte Finger unter, der Zeige- und Mittelfinger über dem Windrohr liegen, während der Daumen aufwärts gerichtet als zweiter unterer Stützpunkt dient. Die Vorderarme stützt man durch Anlehnung gegen die Kante des Tisches.

7. Bei der Untersuchung von Stoffen vor dem Löthrohr ist es erforderlich, eine bestimmte Reihenfolge in den Operationen einzuhalten. Als solche empfiehlt sich die folgende.

Prüfung der Substanz:

1) in der einseitig geschlossenen Glasröhre,

2) in der offenen Glasröhre,

3) auf Kohle,

4) mit Borax und Phosphorsalz,

5) in Bezug auf Flammenfärbung,

6) mit Soda, Kobaltsolution, unterschwefligsaurem Natron, saurem schwefelsauren Kali, Zink. und Salzsäure.

Was die Grösse der Probe anlangt, so wird die eines Senfkornes im Allgemeinen als ausreichend befunden werden. Grössere Proben zeigen die Reactionen keineswegs deutlicher, erfordern nur mehr Arbeit. Bloss bei Reductionen zu Metall und beim Erhitzen in Glasröhren ist es vortheilhaft, eine etwas grössere Quantität zu nehmen, denn je grösser das gebildete Metallkügelchen oder Sublimat, desto leichter ist die Erkennung. Nie unterlasse man einen Theil der Substanz für Bestätigungsversuche und unvorhergesehene Fälle zu reserviren. Auch gebrauche man die Vorsicht, die Lampe auf einen grossen Bogen weissen Papieres, dessen Kanten umgebogen sind, zu stellen, damit eine hinuntergefallene Probe leicht wiedergefunden werden kann.

Prüfung in der einseitig geschlossenen Glasröhre.

8. Die Probe wird in einer kleinen, an einem Ende zugeschmolzenen Röhre oder einem Glaskölbchen über einer

Gas- oder Spirituslampe erhitzt. Die Hitze muss anfangs gelinde sein, kann jedoch nach und nach zur Rothgluth gesteigert werden. Durch diese Behandlung ergiebt sich, ob die Substanz ganz oder theilweise flüchtig ist oder eine andere Veränderung erleidet.

I. Die Substanz ist ganz oder theilweise flüchtig.

Dabei sind folgende Erscheinungen zu beachten:

9. 1) Wasserabgabe. Die Substanz gibt Wasser ab, welches dampfförmig entweicht und sich am kälteren Theil der Röhre zu Tropfen condensirt. Dieses deutet auf Krystallwasser enthaltende Salze [No. 39]*) oder auf zersetzbare Hydrate oder auf Körper, welche zwischen den Krystallen Wasser mechanisch eingeschlossen haben [No. 33]. Letztere decrepitiren. Die condensirten Wassertropfen sind mit Reagenspapier zu prüfen; eine alkalische Reaction ergibt die Anwesenheit von Ammoniak, eine saure das Vorhandensein einer flüchtigen Säure, wie Schwefel-, Salpeter-, Chlorwasserstoff-, Fluorwasserstoffsäure etc.

10. 2) Gas- oder Dampfentwickelung. Am häufigsten kommen vor:

a. **Sauerstoff,** leicht dadurch zu erkennen, dass ein in die Röhre gehaltener, glimmender Holzspan sich entzündet**). Sauerstoff lässt auf die Anwesenheit von Superoxyden, sal-

---

*) Diese Zahlen beziehen sich auf die in der Vorrede erwähnten Uebungsbeispiele.

**) Bei einer geringen Menge der Substanz tritt die Reaction nicht immer deutlich hervor. In dem Fall empfiehlt es sich, der Probe ein Körnchen Chlornatrium und einen Tropfen Schwefelsäure zuzusetzen. An Stelle des Sauerstoffs wird beim Erwärmen Chlor frei, das am Geruch und an der bleichenden Wirkung auf feuchtes Lackmuspapier leicht erkennbar ist.

petersauren, chlorsauren, chromsauren oder jodsauren Salzen schliessen [No. 35].

b. **Schweflige Säure,** kenntlich am Geruch und an der Wirkung auf blaues Lackmuspapier, rührt meistens von zersetzten schwefelsauren Salzen her [No. 39].

c. **Schwefelwasserstoff,** am Geruch erkennbar, bildet sich aus wasserhaltigen Sulfiden.

d. **Untersalpetersäure,** kenntlich an den braunrothen Dämpfen und ihrem Geruch, deutet auf salpetersaure oder salpetrigsaure Verbindungen [No. 36].

e. **Kohlensäure,** farb- und geruchloses, nicht brennbares Gas, einen an einem Uhrglase haftenden Tropfen Kalkwasser trübend, rührt her von zersetzbaren kohlensauren oder auch von solchen oxalsauren Salzen, die ein reducirbares Metalloxyd enthalten.

f. **Kohlenoxydgas,** mit blauer Flamme brennbar, deutet auf oxalsaure oder ameisensaure Salze; bei letzteren tritt Verkohlung ein.

g. **Cyan,** von zersetzbaren Cyanverbindungen herrührend, wird an seinem eigenthümlichen Geruch erkannt und an der carmoisinrothen Flamme, mit der es brennt.

h. **Ammoniak,** kenntlich an dem Geruch und der alkalischen Reaction, lässt auf Ammoniaksalze [No. 27] oder organische stickstoffhaltige Verbindungen schliessen; in letzterem Falle verkohlt die Masse gewöhnlich und es entweichen Cyan oder empyreumatische Oele.

i. **Fluorwasserstoffsäure,** greift gerade über der Probe das Glas an, das dadurch matt wird.

k. **Chlor, Brom** und **Jod** sind an der Farbe (grüngelb, braun, violett) und am Geruch zu erkennen. Jod, in nicht zu geringer Menge, verdichtet sich am kälteren Theil der Röhre zu einem grauschwarzen Sublimat.

11. 3) Sublimatbildung.

α. Weisse Sublimate werden gebildet von:

a. vielen **Ammoniaksalzen.** Man entfernt das Sublimat aus der Röhre, bringt es auf Platinblech, setzt Soda und einen Tropfen Wasser hinzu und erhitzt schwach. Alsdann entweicht Ammoniak [No. 34].

b. **Quecksilberchloriden.** Das Chlorür sublimirt ohne vorherige Schmelzung, wohingegen das Chlorid zuvor schmilzt. Das Sublimat ist heiss gelb, wird aber unter der Abkühlung weiss [No. 42 und 43]. Quecksilberoxyd gibt Kügelchen von metallischem Quecksilber.

c. **Antimonoxyd.** Es schmilzt zu einer gelben Flüssigkeit und bildet dann ein Sublimat, das aus glänzenden nadelförmigen Krystallen besteht [No. 12].

d. **Arseniger Säure.** Das Sublimat besteht aus octaëdrischen Krystallen [No. 22].

e. **Telluriger Säure.** Sie zeigt ein ähnliches Verhalten wie Antimonoxyd, erfordert aber eine höhere Temperatur und liefert ein amorphes Sublimat.

f. **Osmiumsäure.** Sie sublimirt in weissen Tropfen und hat einen stechenden, unangenehmen Geruch.

β. Graue oder schwarze Sublimate mit Metallglanz, sogenannte Metallspiegel, werden gebildet von:

a. metallischem **Arsen** und solchen Arsenverbindungen, welche mehr als 1 Aeq. Arsen auf 2 Aeq. Metall enthalten, sowie von einigen Schwefelarsenverbindungen [No. 73]. Bricht man die Röhre unterhalb des Spiegels ab und erwärmt denselben gelinde, so kommt der eigenthümliche knoblauchartige Geruch zum Vorschein.

b. **Quecksilberamalgamen** und einigen Quecksilbersalzen. Das Sublimat besteht aus kleinen Quecksilberkügelchen, die sich mit einem Kupferdraht zu grösseren Kugeln vereinigen lassen [No. 44].

c. einigen **Cadmiumlegirungen.**

d. **Tellur.** Das Sublimat bildet sich erst bei sehr hoher Temperatur und besteht aus kleinen Kügelchen, die unter der Abkühlung fest werden.

γ. Farbige Sublimate werden gebildet von:

a. **Schwefel** und solchen **Sulfiden,** welche einen grossen Schwefelgehalt haben. Das Sublimat ist tiefgelb bis braunroth in der Hitze, schwefelgelb nach der Abkühlung [No. 71].

b. **Antimonsulfiden,** allein oder in Verbindung mit anderen Sulfiden. Das Sublimat entsteht erst bei sehr hoher Temperatur und setzt sich in geringer Entfernung von der Probe an; es ist heiss schwarz, kalt rothbraun [No. 70].

c. **Arsensulfiden** und einigen Verbindungen von Schwefelmetallen mit Arseniden. Das Sublimat ist in der Hitze dunkel braunroth, kalt rothgelb bis roth [No. 76].

d. **Zinnober.** Das Sublimat ist schwarz, ohne Glanz und gibt beim Reiben ein rothes Pulver [No. 77].

e. **Selen** und einigen Selenverbindungen. Das Sublimat bildet sich erst bei hoher Temperatur, besitzt eine röthliche oder schwarze Farbe und gibt ein dunkelrothes Pulver. Gleichzeitig tritt ein Geruch nach faulem Rettig auf [No. 83].

Aus dem Nichterscheinen der im Vorhergehenden behandelten Reactionen ist noch nicht mit Sicherheit auf die Abwesenheit der betreffenden Körper zu schliessen; insbesondere können Schwefel, Arsen, Tellur und Antimon sich in Verbindungen befinden, welche durch Erhitzen in der einseitig geschlossenen Glasröhre gar nicht oder nur mit Unsicherheit nachgewiesen werden können.

II. Die Substanz verändert sich ohne Verflüchtigung.

12. Viele Substanzen verändern bei der Behandlung in der an einem Ende zugeschmolzenen Röhre nur ihre äusseren Eigenschaften, wobei auf folgende Erscheinungen zu achten ist:

1) Farbenwechsel und zwar

a. von weiss in gelb, kalt wieder weiss: Zinkoxyd [No. 10];

b. von weiss in gelbbraun, kalt schmutzig hellgelb: Zinnoxyd [No. 9];

c. von weiss in braunroth, kalt gelb: Bleioxyd (schmelzbar) [No. 68];

d. von weiss in orangegelb bis rothbraun, kalt blassgelb: Wismuthoxyd (schmelzbar) [No. 13];

e. von roth in schwarz, kalt roth: Quecksilberoxyd (flüchtig);

f. von roth in schwarz, kalt roth: Eisenoxyd (nicht flüchtig) [No. 14].

2) Schmelzen: Alkalisalze.

3) Verkohlen: organische Substanzen.

4) Phosphorescenz: Alkalische Erden, Erden, Zinkoxyd, Zinnoxyd und manche Mineralien.

5) Decrepitation: Chloralkalien, Bleiglanz und viele Mineralien.

Prüfung in der offenen Glasröhre.

13. Ein Stückchen der Substanz oder, wenn der Körper beim Erhitzen im Glaskölbchen decrepitirte, eine gepulverte Probe wird etwa 12 mm. tief in die Röhre eingeführt, letztere zur Erzeugung von Luftzug etwas geneigt gehalten und an der Stelle, wo die Probe sich befindet, erhitzt. Es entweicht dadurch die in der Röhre enthaltene erwärmte Luft durch das obere Ende und frische Luft tritt von unten ein. Dadurch wird eine Röstung herbeigeführt, und viele Substanzen, welche beim Erhitzen in der einseitig geschlossenen Röhre unverändert blieben, geben Sublimate oder gasförmige Producte. Man hat darauf zu achten, dass die Hitze nur allmälig gesteigert wird, weil bei sofortiger Anwendung einer hohen Temperatur die Substanz unoxydirt verflüchtigt werden könnte.

Der Luftzug lässt sich durch grössere oder geringere Neigung der Röhre vermehren oder vermindern.

Durch diese Prüfung erkennt man:

14. **Schwefel.** Es bildet sich schweflige Säure, welche durch ihren stechenden Geruch und ihre Wirkung auf blaues Lackmuspapier kenntlich ist [No. 71].

15. **Arsen.** Es entsteht ein weisses, sehr flüchtiges Sublimat von arseniger Säure, das aus kleinen octaëdrischen Krystallen besteht. Durch Erwärmen kann es in der Röhre von einem Platz zum anderen getrieben werden [No. 73].

16. **Antimon.** Es bilden sich weisse Dämpfe, die zum Theil entweichen, zum Theil am oberen Ende der Röhre sich verdichten. Des Sublimat ist ein weisses Pulver und kann, wenn aus reinem Antimonoxyd bestehend, durch Erhitzen verflüchtigt werden. In den meisten Fällen geht aber die Oxydation weiter; es entsteht eine Verbindung von Antimonsäure und Antimonoxyd und damit ein weisses nicht flüchtiges Pulver [No 1].

17. **Wismuth.** Wenn nicht in Verbindung mit Schwefel, umgibt es sich mit geschmolzenem braunen Oxyd, das bei der Abkühlung blassgelb wird [No 2].

Quecksilber resp. Amalgame sublimiren zu metallischen Kügelchen [No. 44].

18. **Tellur** und Tellurmetalle. Sie werden zu telluriger Säure oxydirt, welche als weisser Rauch durch die Röhre zieht und am oberen Theil ein weisses nicht flüchtiges Pulver ansetzt. Beim Erhitzen schmilzt dieses zu farblosen Tropfen, wodurch es von Antimon unterschieden wird.

19. **Selen** und Selenmetalle. Sie entwickeln den charakteristischen Geruch nach faulem Rettig und geben ein Sublimat

von Selen, das in der Nähe der Probe stahlgrau, weiter entfernt roth ist [No. 83].

Prüfung der Substanz auf Kohle oder Aluminiumblech.

20. Man legt die Substanz in ein flaches Grübchen nahe demjenigen Rande der Kohle, den man der Löthrohrflamme nähern will, fasst die Kohle zwischen Daumen und Zeigefinger der linken Hand und hält sie ein wenig geneigt, damit ein etwa entstehender Beschlag der Länge nach sich absetzen kann. Die Substanz wird den in ihren Wirkungen verschiedenen Oxydations- und Reductionsflammen ausgesetzt wobei auf Schmelzbarkeit, Verknistern, Aufblähen, Verpuffen, Geruch, Flammenfärbung und namentlich auf Beschlagbildung und Metallreduction zu achten ist.

Beim Gebrauch von Aluminiumblech an Stelle von Kohle verfährt man folgendermassen. Man legt die Probe auf den schmalen Rand, nahe der Biegung und richtet die Oxydationsflamme in etwas steiler Neigung so auf das Object, dass die Flammenspitze 1—2 cm. entfernt bleibt. Es ist dies unerlässlich, weil sonst einige Beschläge reducirt werden, ehe sie genau beobachtet sind. Man bläst Anfangs gelinde, dann zunehmend stärker bis die Beschlagbildung aufhört. Zwischendurch unterbricht man das Blasen von Zeit zu Zeit, um die gebildeten Beschläge zu beobachten. Ist diese Prüfung beendet, so reinigt man die Platte und wiederholt die Versuche mit der Aenderung, dass man die Probe auf ein kleines Kohlenstückchen (s. S. 10) legt. Wenn kein Sublimat entsteht versucht man zuvörderst durch Einwirkung der Reductionsflamme (ohne Abstand) und dann durch Zusatz von etwas Soda zur Probe einen Beschlag zu erzielen.

In jedem Falle, wo ein Beschlag erhalten worden, untersucht man ihn erst mit der peroxydirenden und dann mit der reducirenden Flamme. Erstere wird erhalten, wenn man eine gute Oxydationsflamme in einem Abstande von 3—4 cm. auf das Sublimat einwirken lässt; letzere indem man die Reductionsflamme der Platte so nahe bringt, dass die Spitze des blauen Kegels platt wird. Die Flamme muss sehr rein sein, weil ein gelber Streifen sogleich einen Russfleck hervorbringt, der für eine Reductionserscheinung angesehen werden könnte, obschon solche Flecke daran kenntlich sind, dass sie sofort in der Oxydationsflamme verschwinden.

Die Beschläge setzen sich auf der Aluminiumplatte in dickeren Schichten ab als auf Kohle, theils in Folge der verticalen, die Metalldämpfe besser auffangenden Fläche der Platte, theils in Folge des Umstandes, dass das Aluminium vermöge seiner guten Wärmeleitung an der Einwirkungsstelle der Flamme nicht so heiss wird, wie die schlechtleitende und daher leicht zum Glühen gebrachte Kohle. In Folge der grauen Farbe des Metalls sind auch braune oder schwarze Beschläge sichtbar, welche häufig durch die Reductionsflamme erzeugt werden und welche auf Kohle nicht zu erkennen sind. — Da die Platte beim Gebrauch sehr heiss wird, so muss man sie mit einer geeigneten Zange oder einer mit Flanell umwickelten Handhabe halten.

21. 1) Schmelzbarkeit. Von nichtmetallischen Körpern schmelzen leicht: die meisten Salze der Alkalien und einige der alkalischen Erden; ihr Rückstand reagirt nach starkem Glühen alkalisch. Einige von ihnen sind flüchtig und bedecken die Kohle mit Beschlag (vgl. § 39). Unschmelzbar, ohne Farbenänderung, bleiben die Verbindungen der Erden und der alkalischen Erdmetalle, sowie die Kieselerde und viele ihrer Salze. Die Erden und alkalischen Erden leuchten beim Erhitzen mit weissem Licht und werden mit Kobaltsolution nach § 61 weiter untersucht.

Unschmelzbar mit Farbenwechsel sind: Zinkoxyd, Zinnoxyd, Titansäure, Niobsäure, Tantalsäure und Wolframsäure welche sich sämmtlich vorübergehend gelb färben.

Von regulinischen Metallen sind Antimon, Blei, Cadmium, Indium, Tellur, Thallium, Wismuth, Zink und Zinn leicht, Kupfer, Gold und Silber schwieriger zu schmelzen. Eisen, Iridium, Kobalt, Molybdän, Nickel, Platin, Osmium, Palladium, Rhodium und Wolfram unschmelzbar.

2) Verknistern lässt auf mechanisch eingeschlossenes Wasser, ferner auf Kochsalz und andere Haloidsalze schliessen; auch decrepitiren viele Mineralien.

3) Verpuffen deutet auf salpetersaure, chlorsaure, jodsaure und bromsaure Salze.

4) Aufblähen auf Wasserabgabe sowie auf borsaure Salze und Alaun.

5) Geruch. Von riechenden Gasen deutet:

Geruch nach schwefliger Säure auf Schwefelmetalle,
„ „ Knoblauch auf Arsen.
„ „ faulem Rettig auf Selen.

22. 6) Flammenfärbung. Dieselbe, ein werthvolles Mittel zur Nachweisung einer Anzahl von Elementen, wird besser auf Platindraht oder in der Platinpincette als auf Kohle vorgenommen (vergl. § 41).

Die wichtigsten Flammenfärbungen sind:

gelb: Natronsalze,

roth: Lithion, carminroth,
Strontian, scharlachroth,
Kalk, gelbroth,

grün: Kupferoxyd, smaragdgrün,
Baryt, gelbgrün,
Borsäure, zeisiggrün,
Phosphorsäure, blaugrün,
Molybdänsäure, gelblichgrün.

blau: { Selen, kornblumenblau,
Arsen, bläulich,
Blei, fahlblau,
Chlorkupfer, azurblau, dann grün.

violett: Kali.

23. 7) Metallreduction und Beschlagbildung. Viele Metalloxyde lassen sich bei der Behandlung auf Kohle zu Metallen reduciren, andere werden ausserdem theilweise verflüchtigt, und wieder andere verdampfen so schnell, dass vom Metall gar nichts übrig bleibt. Diese Dämpfe setzen sich auf der Kohle als Beschlag ab und bilden dadurch ein für die Analyse höchst wichtiges Erkennungsmittel. Mit diesen Beschlägen darf die Asche nicht verwechselt werden, welche an der Stelle entsteht, wo die Löthrohrflamme auf die Kohle einwirkt.

Die meisten Metalloxyde lassen sich mit Hilfe der Reductionsflamme allein reduciren; einige dagegen auf diese Weise nur mit grosser Schwierigkeit oder gar nicht. Zur letzten Kategorie gehören die Oxyde des Kupfers, Kobalts, Nickels und Eisens. Setzt man einer solchen Substanz aber etwas Soda oder ein Gemisch von Soda und Cyankalium oder auch etwas oxalsaures Kali zu, in der Weise, dass man die gepulverte Probe mit dem angefeuchteten Reagens zu einem Teige mengt und im Reductionsfeuer behandelt, so geht die Reduction schnell von Statten. Die Beschlagbildung wird durch die Anwendung dieser Reagentien nicht beeinträchtigt.

Man erhält:

A. Metallkörner ohne Beschlag.

24. Gold, Silber und Kupfer geben glänzende, ductile Flitter, Molybdän, Wolfram, Platin, Palladium, Iridium, Rhodium, Eisen, Nickel und Kobalt ein graues unschmelzbares Pulver; die drei letzten sind magnetisch.

Zur Abscheidung der reducirten Metalle bricht man die

mit der Soda durchdrungene Stelle der Kohle los, zerreibt die Masse im Achatmörser und schlämmt die Kohlentheilchen ab, wobei die ductilen Metalle als plattgedrückte, glänzende Blättchen, die spröden als metallisches Pulver zurückbleiben. Silber, Gold und Kupfer lassen sich durch ihre weisse, gelbe und rothe Farbe unterscheiden; die übrigen Metalle müssen behufs ihrer Erkennung mit Borax und Phosphorsalz weiter untersucht werden.

B. Metallkörner mit Beschlag.

25. Antimon. Es schmilzt leicht und beschlägt die Kohle mit weissem Oxyd in geringer Entfernung von der Probe. Der Beschlag lässt sich mit der Oxydationsflamme von einer Stelle zur anderen treiben und verschwindet ganz, wenn die Reductionsflamme darauf einwirkt. Letztere wird dabei mattgrün gefärbt. Schmilzt man metallisches Antimon und erhitzt es bis zur Rothgluth, so verbleibt es, einige Zeit, sich selbst überlassen, in brennendem Zustande und stösst dabei einen dicken, weissen Rauch aus, der sich zum Theil um das Metallkorn herum in weissen, perlglänzenden Krystallen absetzt. — Das Metallkorn ist weiss, oxydirbar und sehr spröde. [No. 1].

Auf Aluminiumblech ist der Beschlag in der Nähe der Probe gelb, weiter ab rein weiss und noch entfernter bläulich weiss. Die meisten Mineralien lassen Antimon auf der blossen Platte, ohne Kohlenunterlage, entweichen. Die peroxydirende Flamme färbt den gelben Theil vorübergehend dunkler, wohingegen die reducirende alle Theile augenblicklich schwärzt

26. Wismuth. Es schmilzt in beiden Flammen und gibt einen Beschlag, der heiss orangefarbig, kalt citronengelb ist Gewöhnlich ist der Beschlag von einem gelblichweissen, aus kohlensaurem Wismuthoxyd bestehenden Ring umgeben. Der Beschlag ist der Probe näher, als dies bei Antimon der Fall ist;

er kann mit beiden Flammen fortgetrieben werden, ertheilt aber abweichend von Antimon und Blei der Reductionsflamme keine Färbung. — Das Metallkorn ist röthlich weiss, spröde und oxydirbar. [No. 2].

Auf der blossen Aluminiumplatte entsteht selbst bei langem Blasen kaum ein Anflug, bei Anwendung einer Kohlenunterlage dagegen ein in der Nähe der Probe gelber Beschlag, der in orange und dann in braun übergeht und von einem hellgelben Saum umgeben ist, auch auf dem Rande ist ein hellgelbes Sublimat erkennbar. Die peroxydirende Flamme färbt die gelben und orangefarbigen Theile vorübergehend dunkler (vgl. Blei), während die reducirende alle Theile schwärzt.

27. Blei. Leicht schmelzbar, beschlägt es in beiden Flammen die Kohle mit Oxyd, das in der Hitze citronengelb, kalt schwefelgelb erscheint und mit einem weissen Saum von kohlensaurem Bleioxyd umgeben ist. Der Beschlag befindet sich ungefähr in derselben Entfernung von der Probe, wie der von Wismuth, und lässt sich mit beiderlei Flammen forttreiben, wobei die Reductionsflamme einen himmelblauen Schein erhält. — Das Korn ist grau, geschmeidig und oxydirbar. [No. 3].

Auf Aluminiumblech wird wie bei Wismuth nur bei Benutzung eines Kohlenstückchens ein Beschlag erhalten; derselbe hat einen bräunlichen Kern, welcher nach der Probe zu hellgelb, nach der entgegengesetzten Seite citronengelb abschattirt ist. Das ganze Sublimat ist von einem weissen Anflug umgeben, der auch auf den Rande zum Vorschein kommt. Die peroxydirende Flamme färbt den gelben und in geringerem Grade auch den weissen Theil dauernd braun, während bei Wismuth die Braunfärbung nur vorübergehend eintritt; in der Reductionsflamme werden alle Theile schwarz.

28. Zinn. Es schmilzt mit grosser Leichtigkeit und verwandelt sich in der Oxydationsflamme in Oxyd, das fortgeblasen werden kann und dadurch als Beschlag erscheint. Dieser befindet sich stets in unmittelbarer Nähe der Probe, ist in der Hitze gelblich, kalt weiss, und in beiden Flammen nicht flüchtig. In der Reductionsflamme behält das geschmolzene Metall seinen Metallglanz. — Das Metallkorn ist weiss, geschmeidig und sehr oxydirbar [No. 4].

Auf der Aluminiumplatte entsteht nur bei langem Blasen ein schwacher Anflug von weisser Farbe.

29. Silber. Wie bereits in § 24 erwähnt, wird Silberoxyd leicht zu glänzenden Kügelchen reducirt. Lässt man aber eine Oxydationsflamme anhaltend auf das Korn einwirken so entsteht ein dunkelrother Beschlag [No. 5]. Enthält die Probe ausser Silber noch Blei oder Antimon, so bildet sich vor dem rothen Beschlag erst ein gelber oder weisser; bei gleichzeitiger Anwesenheit von Blei und Antimon ist der Beschlag intensiv carmoisinroth.

Auf Aluminiumblech bringt gediegenes Silber einen braunen Beschlag hervor, der von einem helleren Rand umgeben ist; weiter unten, in der Nähe des glühenden Kohlenstückchens entsteht ein schmaler röthlich weisser Anflug. Die peroxydirende Flamme färbt alle Theile dunkler, wohingegen die reducirende einen weissen Fleck hervorbringt, der das Aussehen von Spratzsilber hat. — Das Verhalten des Silbers auf Aluminiumblech ist nicht sehr charakteristisch, um so weniger als die meisten Silbererze keine Reaction hervorbringen. Die schöne rothe Farbe, mit welcher Silber bei Gegenwart von Antimon und Blei die Kohle beschlägt, tritt auf der Aluminiumplatte hingegen sehr deutlich hervor.

30. Gold. Auf Kohle lässt sich das schmelzende Gold nicht verflüchtigen, wohl aber auf Aluminiumblech mit Kohlenunterlage, wo bei anhaltendem Blasen, am besten mit einem Gebläse, nahe bei der Kohle ein Goldanflug sich absetzt über den hinaus ein violetter Streifen, der mit kleinen, mechanisch mit fortgerissenen Goldtheilchen übersäet ist, sichtbar wird. Es ist darauf zu achten, dass das glühende Goldkügelchen nicht auf das Aluminium rollt, weil es sonst ein Loch in die Platte frisst, der einzige Fall, wo diese Schaden erleidet.

31. Thallium. Es schmilzt leicht und beschlägt die Kohle mit weissem Oxyd, das sich durch blosses Erwärmen forttreiben lässt und beim Berühren mit der Flamme unter grünem Schein verschwindet. Die geschmolzene Metallkugel, welche ebenfalls die Flamme grün färbt, bleibt, nachdem man mit Blasen aufgehört hat, noch längere Zeit flüssig und setzt zuweilen in nächster Nähe einen braunen Beschlag ab.

Auf Aluminiumblech mit Kohlenunterlage entsteht zuerst ein starker weisser Beschlag, dem bei zunehmender Hitze ein brauner folgt. Alle Theile färben sich in der peroxydirenden Flamme augenblicklich rothbraun; der Farbenwechsel erfolgt schneller als bei Blei, wie auch der Farbenton ein anderer ist. — Die reducirende Flamme färbt den ganzen Beschlag schwarz und lässt an den dicksten Stellen kleine schwarze Metallkügelchen hervortreten, die mit Hilfe der Loupe deutlich zu sehen sind.

32. Indium. Es schmilzt mit Leichtigkeit und bildet in der Nähe der Probe einen Beschlag, der heiss dunkelgelb, kalt gelblichweiss ist und sich schwierig durch die Reductionsflamme forttreiben lässt. Letztere bekommt dabei eine schöne blauviolette Färbung.

C. Beschlag ohne Metall.

33. Arsen. Unter Entwickelung des charakteristischen Knoblauchgeruchs verflüchtigt es sich ohne vorher zu schmelzen und bedeckt die Kohle mit einem weissen Beschlage, der ziemlich weit von der Probe entfernt ist und von beiden Flammen hervorgerufen wird. Der sehr flüchtige Beschlag verschwindet bei Einwirkung der Löthrohrflamme mit hellblauem Schein [No. 6].

Auf der blossen Aluminiumplatte erhält man einen weissen Beschlag und unter der Probe einen schwarzen Fleck; bei Benutzung des Kohlenstückchens, wenn viel Arsen vorhanden, auch ein grauschwarzes Sublimat, sowie auf dem Rande grosse schwarze Flecke. In der peroxydirenden Flamme bleibt der weisse Theil unverändert, aber er verflüchtigt sich in dem Masse wie die Platte heiss wird; die grauen und schwarzen Theile werden etwas weisser und verschwinden zum Theil, dunkle Flecke zurücklassend. Die reducirende Flamme verflüchtigt den Beschlag schnell und lässt den Arsengeruch deutlich hervortreten.

34. Zink. Es ist leicht schmelzbar und verbrennt im Oxydationsfeuer mit einer hellleuchtenden grünlichweissen Flamme. Dabei wird ein dicker weisser Rauch entwickelt, welcher sich nahe bei der Substanz als ein in der Hitze gelber, nach der Abkühlung weisser Beschlag absetzt; derselbe leuchtet, wenn man die Oxydationsflamme auf ihn richtet, lässt sich aber nicht verflüchtigen [No. 7].

Auf der blossen Aluminiumplatte ist kaum ein Beschlag zu erhalten; wird hingegen etwas Zink auf dem Kohlenstückchen erhitzt, so bildet sich in dem Moment, wo das Metall anfängt zu brennen ein schwarzer Anflug, dem sofort ein im heissen Zustand gelber, nach dem Erkalten weisser Beschlag von Zinkoxyd folgt. Weder die peroxydirende noch die reducirende Flamme verändern denselben. — Zinkhaltige Mineralien geben den schwarzen Beschlag nicht, verhalten sich aber sonst wie oben angegeben.

35. Cadmium. Es schmilzt leicht und verbrennt im Oxydationsfeuer mit dunkelgelber Flamme zu braunem Oxyd, das als Dampf entweicht und die Kohle im Umkreis der Probe beschlägt. Der charakteristische Beschlag ist kalt röthlichbraun, in dünnen Lagen orangegelb und wird leicht durch beide Flammen ohne farbigen Schein vertrieben. Ueber den Beschlag hinaus ist ein bunt angelaufener Saum zu bemerken. [No. 8].

Auf Aluminiumblech ensteht ein dunkelbrauner, fast schwarzer Beschlag, der weder durch die peroxydirende noch durch die reducirende Flamme verändert wird. Auf dem Kohlenstückchen setzt sich gewöhnlich etwas röthlich braunes Oxyd ab.

36. Selen. Leicht schmelzbar und braune Dämpfe ausstossend, setzt es in geringer Entfernung von der Probe einen stahlgrauen, mattglänzenden Beschlag ab. Dieser verschwindet im Reductionsfeuer mit schön blauem Schein und einem Geruch nach faulem Rettig [No. 83].

Auf der Aluminiumplatte mit oder ohne Kohlenunterlage entsteht ein rother Beschlag nebst braunem und weissem Anflug. In der peroxydirenden Flamme wird der rothe und braune Theil weiss; in der reducirenden nimmt der ganze Beschlag sofort eine tiefe braune Farbe an.

37. Tellur. Es schmilzt leicht und beschlägt die Kohle in beiden Flammen mit telluriger Säure. Der Beschlag befindet sich in geringer Entfernung von der Probe, ist von weisser Farbe mit rother oder dunkelgelber Einfassung und verschwindet in der Reductionsflamme mit grünem Schein.

Auf Aluminiumblech mit und ohne Kohlenunterlage bildet sich dicht bei der Probe ein starker Beschlag von schwarzer Farbe mit braunem Anflug. Wo das Sublimat am dicksten ist, entsteht alsbald, namentlich bei Anwendung der peroxydirenden Flamme, eine weisse Schicht von telluriger Säure. Die Reductionsflamme färbt alle Theile schwarz und vertreibt bei längerer Einwirkung den Beschlag ganz, wobei sie eine grüne Färbung annimmt.

38. Molybdän. Dies Metall, ein graues, unschmelzbares

Pulver, oxydirt sich unter dem Einfluss der äusseren Flamme und gibt einen zum Theil krystallinischen Beschlag, der heiss gelblich, kalt weiss ist. Bei flüchtigem Anblasen färbt er sich schön dunkelblau (molybdänsaures Molybdänoxyd), bei längerem Blasen dunkel kupferroth, dabei metallisch glänzend (Molybdänoxyd) [No. 79].

Auf der blossen Aluminiumplatte erhält man (am besten mit Molybdänglanz oder molybdänsaurem Ammoniak) einen hellgelben Beschlag mit weissem Anflug. Während das Sublimat in der peroxydirenden Flamme nur etwas tiefer gelb wird, färbt es sich in der reducirenden Flamme bei momentanem Contact schön blau.

39. Ausser den im Vorstehenden genannten Stoffen liefern noch einige andere Substanzen weisse Beschläge, welche bis auf wenige Ausnahmen mit der Oxydationsflamme fortgetrieben werden können und zum Theil mit den vorerwähnten Aehnlichkeit haben. Die wichtigsten Körper dieser Art sind:

1) die Sulfide der Alkalien, des Bleies, Wismuths, Antimons, Zinks (Beschlag nicht flüchtig), Zinns (Beschlag nicht flüchtig) und die Chlor-, Brom- und Jodverbindungen des Ammoniums, Quecksilbers und Antimons; sie beschlagen die Kohle ohne vorher zu schmelzen oder in die Kohle zu ziehen;

2) die Verbindungen der Alkalien mit Chlor, Brom, Jod und Schwefelsäure; sie schmelzen und ziehen in die Kohle, ehe sie verdampfen;

3) die Chlor-, Brom- und Jodverbindungen des Bleies, Zinns, Wismuths, Zinks und Cadmiums, welche zwar schmelzen, aber nicht in die Kohle gehen, bevor sie letztere beschlagen.

Prüfung mit Borax und Phosphorsalz.

40. Die Prüfung mit Borax und Phosphorsalz dient hauptsächlich zur Erkennung der Metalloxde, von denen viele sich in diesen Glasflüssen mit charakteristischen Farben lösen. Unoxydirte Metalle und solche, welche an Schwefel, Arsen oder Antimon gebunden sind, verhalten sich wesentlich verschieden von den reinen Oxyden; sie müssen deshalb durch eine auf Kohle oder in der offenen Glasröhre vorzunehmende Röstung in Oxyde verwandelt werden, ehe sie zur Untersuchung kommen. Bei der Röstung darf die Temperatur im Anfang nicht zu hoch genommen werden, weil die Substanz sonst schmelzen und sich nur schwer oxydiren würde.

Als Unterlage nimmt man bei dieser Prüfung gewöhnlich Platindraht, weil auf demselben die Farben der Gläser am leichtesten zu erkennen sind; nur solche Metalloxyde, welche leicht Metall ausscheiden und dadurch Platin angreifen, werden auf Kohle untersucht.

Um den Borax an den Platindraht zu befestigen, macht man das Oehr desselben feucht oder glühend, taucht es in das Boraxpulver und schmilzt das Anhaftende zu Glas. Dies wiederholt man so oft, bis sich in dem Oehr eine Perle von genügender Grösse gebildet hat.

Beim Phosphorsalz geschieht die Herstellung der Perle auf gleiche Weise; sie ist aber etwas umständlicher, weil das Reagens, so lange es Ammoniak und Wasser abgibt, aufschäumt und leicht abtropft. Man muss es deshalb stets nur in kleinen Quantitäten an den Draht bringen, wenn man es nicht auf Kohle zu einer Kugel schmelzen will, welche dann an den Draht befestigt wird.

Zur Aufnahme der Substanz wird die Perle, welche vollkommen farblos sein muss, angefeuchtet oder, so lange sie noch weich ist, mit der gepulverten Probe in Berührung gebracht. Man behandelt sie dann zunächst mit der Oxydationsflamme und beobachtet, ob die Substanz sich leicht oder schwer, ruhig oder unter Aufbrausen löst, ob sie klare, trübe (emailartige) oder gefärbte Gläser liefert. Den häufig während der Abkühlung eintretenden Veränderungen ist besondere Aufmerksamkeit zu schenken.

Sodann bringt man die Perle in die Reductionsflamme und vergleicht die Resultate mit den vorher gewonnenen. Durch Einführen von etwas Zinnoxyd oder von einem kleinen Stückchen Stanniol in die Perle (letzteres auf Kohle) lässt sich die Wirkung der Reductionsflamme wesentlich erhöhen.

Um bei stark färbenden Stoffen die Farbe zu erkennen, kann man entweder die kugelförmige Perle, so lange sie heiss ist, mit einer Pincette platt drücken, oder sich eines ringförmigen Oehrs bedienen, das ein flaches, linsenförmiges Glas liefert. Auch kann man eine kugelförmige Perle, so lange sie flüssig ist, abstossen und in eine bereit stehende Porcellanschale fallen lassen, um sie dann zu zerkleinern und einen Theil von Neuem zu lösen. Das Abstossen geschieht in der Weise, dass man mit dem Ballen der linken Hand fest auf den Tisch schlägt, wobei der Draht sich über dem Rande der Schale befinden muss.

Flattern. In vielen Fällen gelingt es, durch abwechselnd kräftiges und schwaches Anblasen oder dadurch, dass man die Perle wiederholt aus der Flamme herausnimmt, besondere Effecte zu erzielen. Diese Art des Blasens heisst Flattern. Klare Gläser werden dadurch häufig undurchsichtig, milchweiss oder auch gefärbt. Es beruht dies darauf, dass die bei höherer Temperatur aufgelösten Verbindungen sich bei einer niedrigeren, zur Auflösung unzureichenden Hitze wieder ausscheiden; dies geschieht in eigenthümlichen Krystallen, welche in den meisten Fällen genügend ausgebildet sind, um unter dem Mikroskop erkannt zu werden, wenn man die Perle im heissen Zustande platt drückt oder sie in verdünnter Säure löst, um die Krystalle zu isoliren.

Verhalten zu Borax.

Abkürzungen: d. Fl. = durch Flattern; b. l. Bl. = bei längerem Blasen; st. ges. = stark gesättigt.

In der Oxydationsflamme		In der Reductionsflamme		deutet auf
heiss	kalt	heiss	kalt	
farblos	farblos	farblos	farblos	Kieselerde
„	„	„	„	Thonerde
„	„	„	„	Zinnoxyd
„	farblos, d. Fl. unklar	grau, b. l. Bl. farblos	grau, b. l. Bl. farblos	Silberoxyd
„	„	„	„	Tellurige Säure
„	„	farblos	farblos, d. Fl. unklar	Baryt
„	„	„	„	Strontian
„	„	„	„	Kalk
„	„	„	„	Talkerde
„	„	„	„	Beryllerde
„	„	„	„	Yttererde
„	„	„	„	Zirconerde
„	„	„	„	Thorerde
„	„	„	„	Lanthanoxyd
„	„	„	„	Tantalsäure
„	„	st. ges. rosa	st. ges. rosa	Didymoxyd
„	„	farblos, st. ges. grau	farblos, st. ges. grau	Niobsäure
farblos, st. ges. gelb	„	gelb-braun	gelb-braun, st. ges., d. Fl. blau	Titansäure

Verhalten zu Borax.

In der Oxydationsflamme		In der Reductionsflamme		deutet auf
heiss	kalt	heiss	kalt	
farblos, st. ges. gelb	farblos, st. ges. emailweiss	gelb	gelblichbraun	Wolframsäure
gelblich	„	grau, b. l. Bl. farblos	grau, b. l. Bl. farblos	Zinkoxyd
„	„	„	„	Cadmiumoxyd
„	farblos	„	„	Antimonoxyd
gelb	farblos, d. Fl. unklar	„	„	Bleioxyd
„	farblos, st. ges. gelb u. opalartig	„	„	Wismuthoxyd
„	grüngelb	bräunlich	smaragdgrün	Vanadinsäure
gelb-roth	farblos-gelb	grün	bouteillengrün	Eisenoxyd
„	farblos-gelb, d. Fl. emailartig	„	bouteillengrün, st. ges. d. Fl. schwarz	Uranoxyd
„	„	farblos	farblos, st. ges. emailweiss	Ceroxyd
„	farblos-opalartig	braun	braun (undurchsichtig) *	Molybdänsäure
„	grasgrün	grün	smaragdgrün	Chromoxyd
violett	rothbraun	grau, b. l. Bl. farblos	grau, b. l. Bl. farblos	Nickeloxydul
violett, st. ges. schwarz	rothviolett, st. ges. schwarz	farblos	farblos	Manganoxyd
blau	blau	blau	blau	Kobaltoxydul
grün	blaugrün	farblos	braun, b. l. Bl. roth	Kupferoxyd

* Bei gutem Reductionsfeuer scheiden sich schwarze Flecken von Molybdänoxyd in der gelblich gewordenen Perle aus.

Verhalten zu Phosphorsalz.

Abkürzungen: d. Fl. = durch Flattern; b. l. Bl. = bei längerem Blasen; st. ges. = stark gesättigt.

In der Oxydationsflamme		In der Reductionsflamme		deutet auf
heiss	kalt	heiss	kalt	
Kieselskelett	Kieselskelett	Kieselskelett	Kieselskelett	Kieselerde
farblos	farblos	farblos	farblos	Thonerde
„	„	„	„	Zinnoxyd
„	farblos, d. Fl. unklar	„	farblos, d. Fl. unklar	Baryt
„	„	„	„	Strontian
„	„	„	„	Kalk
„	„	„	„	Talkerde
„	„	„	„	Beryllerde
„	„	„	„	Yttererde
„	„	„	„	Zirconerde
„	„	„	„	Thorerde
„	„	„	„	Lanthanoxyd
„	farblos	„	b. l. Bl. violet	Didymoxyd
„	„	grau, b. l. Bl. farblos	grau, b. l. Bl. farblos	Tellurige Säure
farblos, st. ges. gelb	farblos, st. ges. milchweiss	„	„	Zinkoxyd
„	„	„	„	Cadmiumoxyd
„	„	„	„	Bleioxyd
„	„	„	„	Antimonoxyd
„	„	„	„	Wismuthoxyd

Verhalten zu Phosphorsalz.

In der Oxydationsflamme		In der Reductionsflamme		deutet auf
heiss	kalt	heiss	kalt	
farblos, st ges. gelb	farblos	farblos	farblos	Tantalsäure
„	„	schmutzig grün	blau*	Wolframsäure
„	„	gelb	violett*	Titansäure
„	„	st. ges. braun	st. ges. braun	Niobsäure
gelb	gelb, st. ges. opalartig	grau, b. l. Bl. farblos	grau, b. l. Bl. farblos	Silberoxyd
„	gelbgrün	schmutzig grün	schön grün	Uranoxyd
dunkelgelb	hellgelb	bräunlich	smaragdgrün	Vanadinsäure
gelbroth / grün	farblos-gelb-braun	gelb-roth / grünlich	farblos-röthlich	Eisenoxyd
gelb-roth	farblos	farblos	farblos	Ceroxyd
röthlich-braunroth	gelb-röthlichgelb	röthlich	gelb	Nickeloxydul
röthlich / schmutzig grün	smaragd-grün	„	grün	Chromoxyd
violett	violett	farblos	farblos	Manganoxyd
blau	blau	blau	blau	Kobaltoxydul
grün	blau	dunkelgrün	braunroth (trübe)	Kupferoxyd
„	schwach gelbgrün, fast farblos	schmutzig grün	rein grün	Molybdänsäure

* Auf Zusatz von Eisen blutroth.

Das Verhalten der Metalloxyde zu Borax und Phosphorsalz ist in den umstehenden beiden Tabellen zusammengestellt. Dieselben sind nach den Farben der heissen, im Oxydationsfeuer geblasenen Perlen geordnet und ergeben für jedes Metalloxyd in einer Reihe die im Oxydations- und Reductionsfeuer entstehenden Reactionen. Es sei hierbei darauf hingewiesen, dass die Phosphorsalzgläser im Allgemeinen schöner, zum Theil aber auch anders gefärbt sind als die Boraxgläser.

Das Verhalten der Metalloxyde zu den Gasflüssen nach den Metallen in alphabetischer Reihenfolge geordnet, ist aus der zweiten und dritten Columne der Tabelle am Schlusse des Buches ersichtlich.

Prüfung in Bezug auf Flammenfärbung.

41. Viele Körper, namentlich die Alkalien und alkalischen Erden sind leicht und sicher daran zu erkennen, dass sie eine nicht leuchtende Flamme in charakteristischer Weise färben. Die verschiedenen Salze eines flammenfärbenden Elements bringen, soweit sie flüchtig sind, die gleiche Reaction hervor, jedoch in einer dem Grade der Flüchtigkeit entsprechenden Intensität. Die Chlorverbindungen erzeugen die besten Färbungen; aus diesem Grunde pflegt man eine für sich untersuchte Substanz nach Befeuchten mit Salzsäure oder Zusatz von Chlorsilber nochmals in die Flamme einzuführen. — Silikate schmilzt man mit kali- und natronfreiem Gyps, wobei sich kieselsaurer Kalk und flüchtiges schwefelsaures Alkali bildet, welches die Färbungen der Flamme hervorbringt.

Man bedient sich zu diesen Versuchen entweder der blauen Löthrohrflamme oder, was viel bequemer ist, der nicht leuchtenden Flamme eines mit einem Schornstein versehenen Bunsen'schen Gasbrenners. Die Probe wird in der

Platinpincette oder im Oehr des Platindrahts in die Flamme gebracht; eine Flüssigkeit an einem plattgeschlagenen Platinöhr. Ein dunkler Hintergrund sowie ein Ort, wo weder directes Sonnenlicht noch grosse Tageshelle vorhanden, begünstigen die Anstellung dieser Versuche.

Sind mehrere flammenfärbende Elemente in einer Substanz enthalten, so entsteht entweder eine gemischte, unbestimmte Farbe oder es tritt der Fall ein, dass ein Stoff den anderen ganz verdeckt; bei Anwesenheit einer Natriumverbindung ist z. B. die von Kalisalzen hervorgebrachte violette Farbe vollkommen unsichtbar. Um in solchem Falle die verschiedenen Bestandtheile aufzufinden, verfährt man nach §§ 42 und 43.

Die von den flammenfärbenden Elementen, in reinem Zustande, hervorgebrachten Reactionen sind, den Farben nach geordnet, die folgenden:

Rothe Flammen:

Lithium: carminroth. Natronsalze verhindern die Reaction.

Strontium: scharlachroth* } Barytsalze " " "
Calcium: gelbroth* }

Gelbe Flammen:

Natrium: orangegelb.

Grüne Flammen:

Kupferoxyd: smaragdgrün; nach Befeuchten mit Salzsäure blau.

Thallium: grasgrün.

Phosphorsäure: bläulich grün } in den Salzen nach Be-
Borsäure: zeisiggrün. } feuchten mit Schwefelsäure.

Barytsalze: gelbgrün.*

Molybdänsäure: schwach gelblich grün.

Tellurige Säure: grün, dabei rauchend.

Salpetersäure: broncegrün, schnell vorübergehend.

---

* Besonders nach Befeuchten mit Salzsäure.

Blaue Flammen:

Chlorkupfer: azurblau, später grün.

Indium: indigblau.

Selen: kornblumenblau, dabei entsteht der Geruch nach faulem Rettig.

Arsen: bläulich.

Antimon: mattgrün.

Blei: blau.

Violette Flammen:

Kalium: violettroth. Natron- und Lithionsalze verhindern die Reaction.

Cäsium, Rubidium } verhalten sich wie Kalium.

42. Um mehrere flammenfärbende Elemente neben einander aufzufinden, ist es das einfachste, sich des Spectroskops zu bedienen. Betrachtet man eine gefärbte Flamme durch den Spectralapparat, so erblickt man auf dunklem Grunde helle, farbige Linien. Es beruht dies darauf, weil das jedem Element eigene Licht durch das Prisma des Spectroskops in einzelne Strahlen zerlegt wird, welche sich als jene hellen Linien zu erkennen geben. Diese Linien sind in Farbe, Lage und Gruppirung für jedes Element verschieden und bilden die an Empfindlichkeit und Genauigkeit alle analytischen Methoden übertreffenden Spectralreactionen.

Aus der nachstehenden Tabelle (Seite 48) sind die Spectrallinien der wichtigeren flammenfärbenden Elemente zu ersehen. Die Zahlen bezeichnen die Theilstriche einer Scala, auf welche die verschiedenen Linien fallen, wenn man die Natriumlinie auf 50 einstellt. Die gross gedruckten Zahlen repräsentiren die glänzenden, charakteristischen Linien, die klein gedruckten Zahlen die schwächeren, welche erst bei höherer Temperatur entstehen und schnell wieder verschwinden.

Die gradsichtigen Taschenspectroskope, z. B. die von

Browning, welche sich für Löthrohruntersuchungen am besten eignen, enthalten zwar gewöhnlich keine Scala, doch wird man dessenungeachtet leicht aus der Tabelle eine Vorstellung über die relative Lage der Linien gewinnen. Will man z. B. das Spectrum des Strontiums vergleichen, so lehrt ein flüchtiger Blick auf die Tabelle, dass es eine grössere Zahl von Linien im rothen und orange und eine Linie im blauen Theil enthält, von denen zwei rothe Linien, eine orange und eine blaue besonders charakteristisch sind.

Es braucht nicht besonders hervorgehoben zu werden, dass eine auf wiederholte Beobachtungen gegründete Kenntniss der Spectra allen Beschreibungen und Messungen weit vorzuziehen ist.

43. Auch ohne Spectroskop lassen sich, nach den Versuchen von Merz*), mehrere flammenfärbende Bestandtheile neben einander erkennen, wenn man farbige Gläser (siehe § 4) anwendet und den verschiedenen Flüchtigkeitsverhältnissen der Substanzen Rechnung trägt.

Die Wirkung der farbigen Gläser, welche beim Gebrauch dicht vor die Augen gehalten werden, beruht darauf, dass sie nur für gewisse Strahlen passirbar sind, alle übrigen aber absorbiren. Das rothe Glas z. B. hält alle Strahlen mit Ausnahme der rothen fern, das blaue nur gewisse rothe und grüne sowie sämmtliche gelbe Strahlen. Bei einer von einem Gemenge von Natron- und Kalisalzen gefärbten Flamme absorbirt daher ein blaues Gas die gelbe Natriumfärbung und macht nur die violette Kaliflamme sichtbar.

Um durch Verwerthung der ungleichen Flüchtigkeit die Reactionen der leichter und schwerer flüchtigen Bestandtheile eines Körpers nach einander beobachten zu können, bringt

*) G. Merz: Flammenfärbungen, Journ. f. prakt. Chemie, Bd. 80, p. 487.

Spectrallinien der wichtigsten flammenfärbenden Elemente.

(Natriumlinie = 50).

Element	Rothe Linien				Orange L.		Gelbe L.	Grüne Linien			Blaue Linien				Violette Linien			
0	10	20	30		40	50	60	70	80	90	100	110	120	130	140	150	160	170
Na.						**50.**												
K.		**17.**	27.														**153.**	
Li.				**31**		45.												
Cs.			27.	**31**	38	**41.**	51.56 57.	62.63 66.68 69.	71.			**106.** **109.**						
Rb.		13.15				**40.**42 **43.45**	55.57	65.67	71.73 76.78						**135.** **137.**			
Ba.				35	39	41.43 **44 45** 47.50	52 55 57.	**61.67**	**71.77**	90.								
Sr.			30.	**32** **34**	36 38	42.**45**						**105.**						
Ca.					37	**42.46** 49.	52.55	**62.**							135.			
Tl.								**67.**										
In.													**111.**				**147.**	

man die Substanz erst an den Saum der Flamme, dann in den Mantel und schliesslich in den heissesten Theil derselben. Man unterscheidet dem entsprechend drei Arten von Flammenreactionen*).

1) Saumfarben, welche ausserhalb des Flammentheils an einem selbstständig angesetzten Saum auftreten und nur von den flüchtigsten Körpern hervorgerufen werden. Sie entstehen, wenn man das Platinöhr ausserhalb der Flamme und parallel mit deren Achse 1—2 mm vom unteren Flammentheil entfernt hält.

2) Mantelfarben, welche in dem äusseren nicht leuchtenden Flammentheil zum Vorschein kommen. Die Entfernung des senkrecht gehaltenen Platinöhres beträgt etwa 1 mm.

3) Flammenfarben, welche sich auf die grössere Hälfte der ganzen Flamme erstrecken; sie entstehen, wenn man das Oehr horizontal in den heissesten Theil des Mantels hält.

Nach ihrer Flüchtigkeit lassen sich alle flammenfärbenden Körper in drei Classen theilen: in 1) gewisse Säuren, 2) in Alkalien und 3) in alkalische Erden. Hierzu kommt von den Schwermetallen das Kupfer.

Bringt man auf die oben beschriebene Weise die Substanz in die Flamme, so erkennt man zuerst

1. die Säuren.

43. a. **Salpeter-** und **salpetrige Säure** geben eine broncegrüne, sehr weit abstehende Saumfarbe, in der Regel mit orangefarbenem Rand. Die Probe wird vorher an der

*) Die Flamme einer Bunsen'schen Gaslampe (Fig. 17) ist für diese Versuche von grossem Vortheil, weil man des Blasens überhoben ist und die ganze Aufmerksamkeit auf die Reactionen lenken kann, welche ohnehin in den meisten Fällen eine schnelle Beobachtung erfordern. Steht Leuchtgas nicht zu Gebote, so ist ein Standlöthrohr zu gebrauchen, weil bei diesen Versuchen beide Hände frei sein müssen. Mit der einen wird die Probe, mit der andern das farbige Glas gehalten.

Flamme getrocknet und dann entweder in verdünnte Salzsäure oder in eine Lösung von saurem schwefelsauren Kali getaucht, je nachdem auf salpetrige oder Salpetersäure geprüft werden soll. Ammoniak- und Cyanverbindungen geben dieselbe Reaction, aber weniger stark.

45. b. **Phosphorsäure** bringt nach Befeuchten mit Schwefelsäure eine graugelbgrüne Saumfarbe hervor. Neben Borsäure lässt sich die Phosphorsäure nur an der grünen Kernfarbe erkennen, welche entsteht, wenn man die Substanz nach Befeuchten mit Kieselflusssäurelösung in einer Wasserstoffflamme erhitzt. Hierbei lässt man das Wasserstoffgas aus einer Platinspitze (z. B. dem Seitenrohr des Löthrohrs) ausströmen [No. 27].

46. c. **Borsäure** gibt eine schön grüne Mantelfarbe, welche so intensiv ist, dass diese Säure selbst neben grossen Mengen Phosphorsäure aufzufinden ist. Borsaure Salze müssen durch Schwefelsäure zersetzt werden (vergl. auch § 48) [No. 26].

47. d. **Molybdänsäure** gibt eine barytähnliche gelbgrüne Flammenfarbe [No. 79].

48. e. **Salzsäure** oder mit Schwefelsäure befeuchtete Chlorverbindungen bringen eine sehr schwache grünliche Saumfarbe hervor; dieselbe ist von kurzer Dauer und entgeht leicht der Beobachtung. Sehr geringe Mengen Borsäure, die mit Chlorverbindungen zusammen vorkommen, können durch sie verdeckt werden.

2. Die Alkalien.

49. a. **Kali** gibt eine graublaue Mantelfarbe und eine rosaviolette Flammenfarbe. Diese Farben erscheinen durch das blaue Glas rothviolett*) (Erkennung neben Natron),

*) Cartmell, Philos. Mag. 1858. p. 328.

violett durch das violette und durch das grüne Glas blaugrün. Neben Lithion wird Kali durch das grüne Glas, durch eine dicke Schicht des blauen Glases oder durch das Indigprisma erkannt. Die Kaliflamme kann durch alle Schichten des letzteren wahrgenommen werden, während das Lithiumroth nur bis zu einer gewissen Grenze sichtbar ist. Bezeichnet man diese Stelle nach Vorversuchen mit Chlorlithium mit einer schwarzen Marke, so erhält man die Schichten, welche nur noch Kalistrahlen durchlassen*).

Die Probe [No. 30] wird mit Schwefelsäure befeuchtet, getrocknet und wiederholt auf kurze Zeit in die Flamme gebracht. Organische Substanzen, welche Kohle ausscheiden, müssen vor dem Versuch durch Glühen beseitigt werden, weil sie gleichfalls eine violette Färbung verursachen; auch die rothen und violetten Strahlen des glühenden Platindrahts dürfen nicht mit der Kalireaction verwechselt werden; bei letzterer zieht sich die Färbung stets von der Probe nach der Spitze der Flamme empor.

50. b. **Natron** gibt eine orangegelbe Flammenfarbe, welche durch das blaue Glas in grosser Menge blau erscheint, in kleiner nicht sichtbar ist. Durch das grüne Glas betrachtet, besitzt die Flamme eine orangegelbe Farbe, was für das Natron in allen Verbindungen charakteristisch ist.

Bringt man in die Nähe einer Natronflamme einen Krystall von chromsaurem Kali oder ein mit Quecksilberjodid bestrichenes Papier, so erscheint ersterer farblos und das Papier weiss mit einem Stich ins Fahlgelbe.

Die Probe wird mit Schwefelsäure befeuchtet, getrocknet und in den heissesten Theil der Flamme gehalten [No. 33 und 58].

51. c. **Lithion** erzeugt eine carminrothe Flammenfarbe, die durch das blaue Glas violettroth, durch das violette car-

*) Bunsen. Ann. d. Chem. u. Pharm. 111. p. 267.

minroth erscheint, durch das grüne aber verschwindet. Neben Natron erkennt man das Lithium durch das blaue Glas. Zur Auffindung neben Kali verfährt man nach Bunsen*) auf folgende Weise: Man bringt die Probe in den Schmelzraum und vergleicht mit Hilfe des Indigprismas die Flamme mit einer im gegenüberliegenden Schmelzraum erzeugten reinen Kaliflamme. Bei dünnen Schichten zeigt sich die lithionhaltige Flamme rother als die reine Kaliflamme; bei dickeren Schichten werden die Flammen gleich roth, wenn das Verhältniss des Lithiums zum Kali sehr gering ist. Herrscht Lithion in der Probe vor, so nimmt die Intensität der roth gewordenen lithionhaltigen Flammen merklich ab, während die reine Kaliflamme dadurch fast gar nicht geschwächt wird. Auf diese Weise lassen sich noch einige Tausendstel Lithion in Kalisalzen entdecken. Natron, wenn es nicht in allzu grosser Menge vorhanden ist, ändert diese Vorgänge nur wenig [No. 59].

Eine Verwechslung von Kali und Lithion mit Strontian ist nicht zu befürchten, wenn man die Substanz auf die beim Kali angegebene Weise in die Flamme bringt, weil Strontian bei dieser niedrigen Temperatur noch nicht zur Verflüchtigung gelangt.

3. Die alkalischen Erden.

Die Probe wird wiederholt mit Schwefelsäure befeuchtet, getrocknet und in den heissesten Punkt des Mantels gehalten. Nachdem alle Alkalien verdampft sind, bemerkt man zuerst:

52. a. **Baryt,** welcher eine gelbgrüne Flammenfarbe hervorbringt, die durch das grüne Glas blaugrün erscheint. Ist das Grün verschwunden und eine rothe Flammenfarbe (Kalk ziegelroth, Strontian scharlachroth) zum Vorschein

---

*) Bunsen, loc. cit.

gekommen, so befeuchtet man die Probe wiederholt mit Salzsäure und bringt sie noch nass in den heissesten Punkt der Flamme. Zeigt sich nun selbst beim Aufspritzen durch das grüne Glas keine blaugrüne Farbe mehr, so geht man zur Prüfung auf Kalk über [No. 54].

53. b. **Kalk** gibt eine gelbrothe Flammenfarbe, welche beim Aufspritzen der Probe, d. i. wenn dieselbe die letzten Theile Salzsäure verliert, durch das grüne Glas zeisiggrün erscheint. Strontian gibt hierbei ein verschwindend schwaches Gelb [No. 52].

54. c. **Strontian** ist kenntlich an der Purpur- bis Rosafarbe, die man durch das blaue Gas wahrnimmt, wenn die mit Salzsäure befeuchtete Probe in der Flamme verspritzt [No. 53]; Kalk zeigt hierbei ein schwaches Grüngrau.

4. Das Kupfer.

55. Das **Kupfer** gibt als Chlorid eine himmelblaue, als salpetersaures Oxyd eine reingrüne Flammenfarbe. Durch die Combination beider Reactionen ist jede Verwechslung ausgeschlossen [No. 40 und 69].

56. Die übrigen flammenfärbenden Elemente, wie Arsen, Zinn, Blei, Quecksilber und Zink, zeigen besonders als Chlormetalle mehr oder weniger intensiv bläuliche bis grünliche Mantelfarben, welche jedoch für die Analyse von geringem Werthe sind. Man kann in der Regel das Auftreten dieser Farben durch Befeuchten der Probe mit concentrirter Schwefelsäure verhindern. Am besten ist es indessen, die Beschlag gebenden Metalle auf Kohle abzuscheiden, ehe man mittelst Flammenfärbung auf Alkalien oder alkalische Erden prüft.

57. Um in Silicaten die Alkalien nachzuweisen, genügt es, die Probe auf Platindraht mit etwas reinem Gyps aufzuschliessen. Wird dagegen eine Prüfung auf alkalische Erden beabsichtigt, so ist eine Aufschliessung mit Soda erforderlich

Man schmilzt die Substanz mit dem Reagens im Platinlöffel, laugt die Schmelze mit Wasser aus und setzt etwas Salzsäure hinzu, wodurch der Rückstand unter Abscheidung von Kieselsäure gelöst wird.

Prüfung mit Soda.

58. Ausser der in § 23 beschriebenen Anwendung der Soda zur Beförderung der Reduction von Metalloxyden, dient sie noch zur Erkennung von Substanzen, welche sich gegen Natron wie eine Säure verhalten, sowie zur Nachweisung einiger Metalloxyde. Man mengt die Substanz mit feuchter Soda an, bringt das Gemisch in das Oehr des Platindrahtes und erhitzt es in der Oxydationsflamme. Folgende Säuren bilden unter Aufbrausen schmelzbare Verbindungen:

Kieselsäure schmilzt zu einem klaren farblosen Glase, das sich beim Erkalten nicht verändert. Auch Silicate geben eine klare Perle, wenn der Gehalt an nicht alkalischen Basen kein allzu grosser ist und Soda nicht in zu grosser Quantität zugesetzt wird [No. 51].

Wolframsäure löst sich zu einem klaren dunkelgelben Glase auf, das bei der Abkühlung krystallinisch und undurchsichtig hellgelb oder weiss wird [No. 20].

Molybdänsäure schmilzt zu einem klaren Glase, das beim Erkalten milchweiss wird [No. 16].

Titansäure gibt ein durchsichtiges, farbloses Glas, das beim Erkalten undurchsichtig wird [No. 61].

Vanadinsäure gibt eine klare gelbe Schmelze, die im kalten Zustande undurchsichtig und gelblich weiss ist.

59. Man bedient sich ferner der Soda zur Auffindung einiger Metalloxyde, welche sich mit sehr charakteristischen Farben darin lösen.

Manganoxyde geben ein in der Hitze durchsichtiges grünes Glas, das unter der Abkühlung blaugrün und trübe wird. Diese Reaction gelingt noch besser, wenn man der Soda etwas Salpeter zusetzt; sie dient zur Nachweisung der geringsten Mengen von Mangan.

Chromoxyd löst sich zu einem in der Hitze dunkelgelben Glase, das beim Erkalten gelb und undurchsichtig wird. Auch in diesem Falle thut man gut ein Gemisch von Soda und Salpeter anzuwenden.

Ausser diesen beiden charakteristischen Reactionen kommen noch die minder bemerkenswerthen von Kupfer-, Kobalt-, Blei- und Wismuthoxyd in Betracht, deren Verhalten aus der Tabelle am Schlusse des Buches ersichtlich ist.

60. Von den in den §§ 58 und 59 beschriebenen Reactionen lassen sich nur wenige auch auf Kohle hervorbringen. Nur Kieselsäure und Titansäure schmelzen zu Perlen und nur erstere gibt ein Glas, das auch beim Erkalten klar bleibt. — Die übrigen Substanzen werden entweder, indem sie sich mit der Soda in die Kohle ziehen, reducirt oder sie werden gar nicht angegriffen und bleiben unverändert auf der Kohle zurück, während die Soda in die Kohle geht. Dahingegen hat man in dem Zusammenschmelzen mit Soda auf Kohle ein sicheres Erkennungsmittel für

Schwefel, Selen und **Tellurverbindungen,** welche eine Schmelze geben, welche auf befeuchtetem Silberblech schwarze oder braune Flecke erzeugt [No. 71].

Prüfung mit Kobaltlösung.

61. Substanzen, welche nach der Behandlung mit der Oxydationsflamme auf Kohle weiss oder fast weiss erscheinen (vergl. § 21), werden mit einer Lösung von salpetersaurem Kobaltoxydul befeuchtet und dann von Neuem geglüht. Ist die Probe porös genug, um die Flüssigkeit zu absorbiren, so befeuchtet man sie mit einem Tropfen der Lösung und bringt sie in der Platinpincette in die Flamme, andernfalls pulverisirt man sie, bringt das Pulver in ein Kohlengrübchen, setzt einen Tropfen vom Reagens hinzu und erhitzt. Die Farbe lässt sich erst nach dem Erkalten und nur bei Tageslicht mit Sicherheit bestimmen.

Von den Erden geben Thon- und Talkerde besonders charakteristische Reactionen; eine blaue Farbe von grösserer oder geringerer Reinheit, aber ohne Glanz deutet auf Thonerde [No. 21], eine fleischrothe auf Magnesia [No. 55]. Diese Reactionen werden jedoch verhindert, wenn in der erdigen Substanz gefärbte Metalloxyde enthalten sind, welche in der Regel eine graue oder schwarze Masse liefern. Es darf ferner nicht übersehen werden, dass auch bei kieselsauren, borsauren und phosphorsauren Verbindungen beim Glühen mit Kobaltsolution eine blaue Farbe entsteht; bei den Salzen der Alkalien ist die Masse schmelzbar, bei denen der Erden indessen nicht.

Von den Schwermetallen nehmen besonders die Zink- und Zinnverbindungen eine charakteristische Färbung an. Man erhitzt die Probe zunächst auf Kohle mit der Reductionsflamme, versetzt den sich bildenden Beschlag mit der Lösung und glüht dann vorsichtig mit der Oxydationsflamme. Man bekommt bei Zinkoxyd eine schöne gelbgrüne, bei Zinnoxyd eine blaugrüne Masse [No. 10 und 9].

Ausser den oben erwähnten Körpern gibt es noch einige andere, welche beim Glühen mit Kobaltsolution eine Farbenänderung erleiden, ohne dass man indessen dieses Reagens zu ihrer Erkennung anzuwenden pflegt; ihre Reactionen sind in der folgenden Zusammenstellung mit enthalten:

Es färben sich:

blau: Thonerde; schön blau, im stärksten Feuer unschmelzbar.

Kieselerde und Silicate; schwach bläulich, bei grossem Zusatz von Kobaltlösung schwarz. In starkem Feuer schmelzen dünne Flitter zu röthlichblauem Glase.

Phosphorsaure, borsaure und kieselsaure Alkalien geben ein blaues Glas.

grün: Zinkoxyd; Titansäure; } gelblich grün.

Zinnoxyd; blaugrün.

Antimonoxyd; schmutzig grün.

fleischroth: Magnesia; schwach fleischroth.

Tantalsäure; heiss hellgrau; kalt fleischroth.

violett: Zirconerde; schmutzig violett.

Phosphorsaure und arsensaure Magnesia schmelzen und färben sich violettroth.

braun: Baryt; heiss braunroth; kalt farblos.

grau: Beryllerde; hellblaugrau.

Niobsäure; bräunlichgrau.

Kalk; grau.

Strontian; dunkelgrau bis schwarz.

Prüfung mit unterschwefligsaurem Natron.

62. Bei allen Metallen, welche auf nassem Wege durch Schwefelwasserstoff gefällt werden, kann man die Sulfidreactionen auf trokenem Wege erhalten, wenn man die Substanz mit gepulvertem unterschwefligsauren Natron erhitzt. Es kann das in der Weise geschehen, dass man das Reagens einer Boraxperle, welche die Substanz gelöst enthält, zusetzt und diese dann mit der Reductionsflamme erhitzt. Dieses Verfahren hat indessen den Uebelstand, dass leicht flüchtige Substanzen, wie Arsen- und Quecksilberverbindungen keine

Reactionen geben und dass die Färbung, welche der Perle durch die Heparbildung mitgetheilt wird, leicht zu Irrthümern Veranlassung gibt. Es ist deshalb besser, die zu untersuchende, gepulverte Substanz mit dem Reagens in einer an einem Ende geschlossenen Glasröhre zu untersuchen. Nach Zersetzung des unterschwefligsauren Natrons, welche an dem

Metalloxyde	*Verhalten zu* $Na_2S_2O_3$	*Verhalten zu Borax auf Platindraht (in der kalten Perle).*	
		Im Oxydationsfeuer	*Im Reductionsfeuer*
Antimonoxyd	roth	farblos	grau bis farblos
Arsenige Säure	gelb	0	0
Bleioxyd	schwarz	farblos	grau bis farblos
Chromoxyd	grün	grasgrün	smaragdgrün
Eisenoxyd	schwarz	gelb	bouteillengrün
Goldoxyd	schwarz	Wird ohne sich aufzulösen reducirt	
Cadmiumoxyd	gelb	farblos	grau bis farblos
Kobaltoxydul	schwarz	blau	blau
Kupferoxyd	schwarz	blaugrün	braun
Manganoxyd	hellgrün	rothviolett	farblos
Molybdänsäure	braun	farblos	braun
Nickeloxydul	schwarz	rothbraun.	grau bis farblos
Platinoxyd	schwarz	Wird ohne sich aufzulösen reducirt	
Quecksilberoxyd	schwarz	0	0
Silberoxyd	schwarz	farblos	grau bis farblos
Thalliumoxyd	schwarz	„	farblos
Uranoxyd	schwarz	gelb	bouteillengrün
Wismuthoxyd	schwarz	farblos	grau bis farblos
Zinkoxyd	weiss	„	„
Zinnoxyd	braun	„	farblos

auftretenden Schwefelwasserstoffgeruch leicht zu erkennen ist, nehmen die Schmelzen die Sulfidfärbungen in deutlichster Weise an. In vielen Fällen wird die Reaction durch einen geringen Zusatz von Oxalsäure noch beschleunigt.

Da das unterschwefligsaure Natron viel Krystallwasser

enthält, muss entweder der grössere Theil desselben dem Reagens vor dem Gebrauch entzogen werden, oder man muss die Glasröhre, um das Springen derselben zu verhüten, horizontal halten, in welchem Falle es rathsam ist, das offene Ende durch Baumwolle zu verschliessen.

Die Sulfidreactionen der Metalle sind aus der vorstehenden Tabelle ersichtlich, in welcher denselben das entsprechende Verhalten zu Borax auf Platindraht gegenüber gestellt ist. Die beiden Methoden ergänzen sich in hohem Grade.

Prüfung mit Zink und Salzsäure nach vorheriger Aufschliessung.

63. Man mengt die fein geriebene Probe mit einem Gemisch von Soda und Salpeter, feuchtet die Masse ein wenig an und trägt sie auf eine 2—3 mm. breite Platinspirale. Nach kurzem Schmelzen klopft man den glühenden Inhalt der Spirale auf eine Porcellanschale ab und digerirt ihn mit etwas Wasser in einer Proberöhre. Darauf setzt man Salzsäure oder Schwefelsäure hinzu und stellt einen Zinkstab in die Flüssigkeit. Durch die des oxydirende Wirkung des nascirenden Wasserstoffes färben sich:

Molybdänsäure blau, dann grün, endlich schwarzbraun.

Wolframsäure blau, dann kupferroth.

Vanadinsäure blau, dann grün, endlich violett.

Niobsäure blau, oft auch braun (aus stark sauren Lösungen).

Chromsäure grün.

Titansäure violett.

Prüfung mit saurem schwefelsauren Kali oder concentrirter Schwefelsäure.

64. Zur Erkennung flüchtiger Säuren erwärmt man eine kleine Quantität der Substanz mit saurem schwefelsauren

Kali oder mit concentrirter Schwefelsäure (in letzterem Fall aber nicht bis zum Sieden der Säure) und achtet auf folgende Erscheinungen:

1) Entwickelung eines gefärbten Gases.

a. **Salpetrige Säure,** von salpetersauren und salpetrigsauren Salzen herrührend, wird an den rothen Dämpfen und am Geruch erkannt. Bei salpetersauren Verbindungen wird die Reaction durch Zusatz von Kupferfeile befördert.

b. **Unterchlorsäure,** gelbgrünes, dem Chlor ähnlich riechendes Gas, welches Lackmus bleicht. Die Unterchlorsäure bildet sich bei dieser Behandlung aus chlorsauren Salzen*).

c. **Jod** aus Jodmetallen ist kenntlich am violetten Dampf, der ein mit Stärkekleister bestrichenes Papier bläut. Jodsaure Salze*) geben diese Reaction erst auf Zusatz von Eisenvitriol.

d. **Brom,** rothbrauner Dampf von unangenehmem Geruch, Stärkemehl gelb färbend, kann von Brommetallen und bromsauren Salzen*) herrühren. Die Farbe der Dämpfe ist am besten zu erkennen, wenn man von oben in die Röhre sieht.

2) Entwickelung eines farblosen, riechenden Gases.

65. a. **Schweflige Säure,** aus ihren Salzen und denen der Polythionsäuren entstehend, ist am Geruch leicht zuerkennen.

c. **Salzsäure,** am Geruch und an den Nebeln erkennbar, die sie beim Annähern eines mit Ammoniak benetzten Glasstabes bildet.

c. **Fluorwasserstoffsäure,** aus Fluormetallen, ist ein stark rauchendes, ätzendes Gas, das Glas angreift.

d. **Schwefelwasserstoff,** aus Schwefelmetallen, schwärzt ein mit Bleizuckerlösung getränktes Papierstreifchen.

e. **Cyansäure,** aus cyansauren Verbindungen, ist ein

---

*) Die chlorsauren, jodsauren und bromsauren Salze verpuffen beim Erhitzen auf Kohle.

stechend riechendes Gas, das die Augen zu Thränen reizt und Kalkwasser trübt.

f. **Essigsäure**, aus ihren Salzen, ist an ihrem stechenden Geruch und auch daran erkennbar, dass sie mit Schwefelsäure und Alkohol den angenehm riechenden Essigäther bildet.

3) Entwickelung eines farb- und geruchlosen Gases.

66. a. **Kohlensäure** wird unter Aufbrausen aus ihren Salzen ausgetrieben; sie trübt Kalkwasser.

b. **Kohlenoxydgas,** brennbar, kann herrühren von oxalsauren, ameisensauren, cyan-, ferrocyan- und ferridcyanwasserstoffsauren Salzen.

c. **Chromsäure** entwickelt Sauerstoff, wobei die Flüssigkeit sich braun oder grün färbt.

d. **Organische Säuren**, an der Abscheidung der Kohle kenntlich.

Die Säuren, welche auf obige Weise nicht erkannt werden, im Uebrigen aber leicht nachgewiesen werden können, sind: Schwefelsäure, Phosphorsäure, Arsensäure, Borsäure, Kieselsäure, Wolframsäure, Molybdänsäure und Titansäure. In Bezug auf die drei letztgenannten vergl. § 63.

Anhang zum II. Capitel.

Flammenreactionen.

67. Nach Bunsen*) lassen sich fast alle Reactionen, welche man mittelst des Löthrohrs erhält, unmittelbar in der nicht leuchtenden Flamme des von ihm construirten Gasbrenners hervorbringen. Die zu diesen Versuchen dienende Lampe (Fig. 17) ist mit einer drehbaren Hülse zum Verschliessen und Oeffnen der Zuglöcher und mit einem Schornstein von solchen Dimensionen versehen, dass die Flamme vollkommen ruhig brennt. Diese Flamme enthält den dunklen Kegel *aba*, den Flammenmantel *adac* und die leuchtende Spitze *bc* besteht; letztere ist nicht sichtbar, wenn die Zuglöcher ganz offen sind, tritt aber hervor, wenn dieselben bis zu einem gewissen Grade geschlossen werden. Es lassen sich in der Flamme sechs Reactionsräume unterscheiden:

Fig. 17.

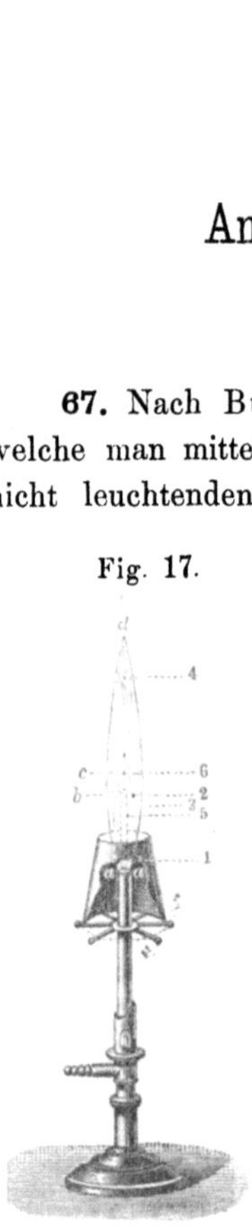

1) Die Flammenbasis bei 1, welche die niedrigste Temperatur besitzt und sich besonders dazu

*) Ann. d. Chem. u. Pharm. Bd. 138, p. 257.

eignet, aus einem Gemenge flammenfärbender Substanzen die leichter flüchtigen für sich allein zu verdampfen.

2) Der Schmelzraum bei 2; er bietet die höchste Temperatur und man benutzt ihn deswegen zu Prüfungen auf Schmelzbarkeit, Flüchtigkeit etc.

3) Der untere Oxydationsraum bei 3, welcher sich besonders zur Oxydation der in Glasflüssen aufgelösten Oxyde eignet.

4) Der obere Oxydationsraum bei 4. Derselbe wirkt bei völlig geöffneten Zuglöchern äusserst kräftig. Man nimmt darin alle Röstungen und Oxydationen vor, zu denen nicht eine allzu hohe Temperatur erforderlich ist.

5) Der untere Reductionsraum bei 5, welcher zwar nicht mit voller Kraft reducirend wirkt, aber grade deswegen eigenthümliche Reactionen gibt; er ist besonders zu Reductionen auf Kohle und in Glasflüssen geeignet.

6) Der obere Reductionsraum bei 6, der über dem dunklen Flammenkegel entsteht, wenn man den Luftzutritt durch allmäliges Schliessen der Zuglöcher verringert. Hat man die leuchtende Spitze zu gross gemacht, so setzt sie Russ ab, was niemals der Fall sein darf. Diesen Theil benutzt man besonders zur Reduction von Metallen, die man in Gestalt von Beschlägen auffangen will.

68. Um die Proben in die Flamme zu bringen, bedient man sich folgender Geräthschaften:

Platindraht, derselbe soll die Dicke eines Pferdehaares nicht überschreiten und bei Decimeterlänge nicht mehr als 0,034 Gr. wiegen, er dient zu Versuchen in Bezug auf Schmelzbarkeit, Flüchtigkeit und Flammenfärbung, sowie zu den Reactionen mit Borax, Phosphorsalz und Soda.

Asbeststäbchen, von der Viertelsdicke eines gewöhnlichen Schwefelhölzchens; sie dienen als Unterlage für Platin angreifende Körper und werden zur Aufnahme der Substanz angefeuchtet.

Kohlenstäbchen; zum Ersatz der gewöhnlichen Kohle wird ein von seinem Kopf befreites Schwefelhölzchen bis zu drei Viertel seiner Länge mit einem in der Nähe der Flamme zum Schmelzen gebrachten Sodakrystall bestrichen und dann in der Lampenflamme langsam um seine Axe gedreht. Man erhält dadurch ein Kohlenstäbchen, das durch seine Sodaglasur vor dem leichteren Verbrennen geschützt ist.

Fig. 18.

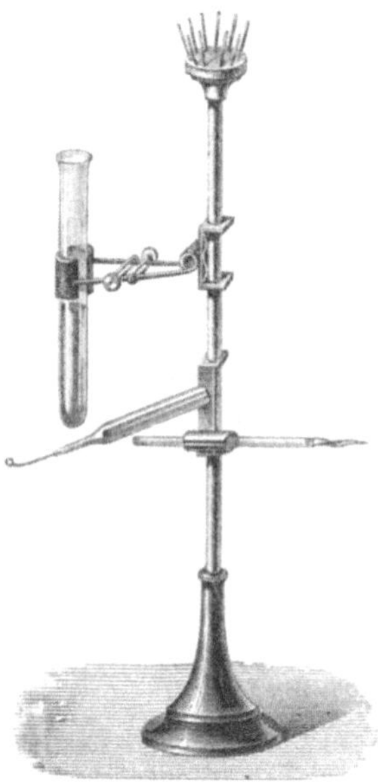

Glasröhren, von dünnem Glase, etwa 3 mm weit und 30 mm lang und an einem Ende zugeschmolzen.

Hat man Körper längere Zeit in einem Reactionsraum zu erhitzen, so empfiehlt sich die Benutzung eines Bunsen'schen Stativs, Fig. 18, welches mit Haltern und Klammern zur Aufnahme von Glasröhren mit angeschmolzenen Platindrähten oder hineingeschobenen Asbestfäden, sowie von Probirgläschen versehen ist; diese Vorrichtungen lassen sich auf und ab schieben und im Kreise drehen.

69. Auser den in § 5 genannten Reagentien, Soda, Borax, Phosphor, saures schwefels. Kali und Magnesiumdraht, kommen noch folgende bei den Bunsenschen Flammenreactionen zur Anwendung:

Zinnchlorürlösung, welche in einer Flasche mit gut schliessendem Stöpsel aufzubewahren ist; um die Umwandlung der Chlorürs in das Chlorid zu verhüten, wodurch das Reagens unbrauchbar werden würde, wirft man einige Stücke Zinn in die Flasche. Zinnchlorür wirkt stark reducirend und dient zur Unterscheidung von Beschlägen, sowie zur Nachweisung von Gold, Molybdän, Wolfram etc.

Natronlauge, wird ebenfalls zur Charakterisirung von Beschlägen verwendet, sowie ferner zur Erkennung von Kobalt, Nickel, Zinn etc.

Salpetersaures Silberoxyd, in ganz neutraler Lösung zur Unterscheidung von Beschlägen und zur Auffindung von Chrom und Vanadin.

Rauchende Jodwasserstoffsäure welche neben phosphoriger Säure entsteht, wenn feuchte Luft auf Phosphortrijodid einwirkt. Um letzteres zu bereiten, löst man einen Theil Phosphor in Schwefelkohlenstoff und setzt dazu allmälig 12,3 Theile Jod. Die Lösung wird durch gelindes Erwärmen vom Schwefelkohlenstoff grösstentheils befreit und dann in eine Kältemischung gestellt, worauf sich rothe Krystallblätter, welche bei 55° schmelzen, abscheiden. Man bringt sie in ein weithalsiges, flaches, mit einem Glasstöpsel gut verschliessbares Glas, auf welches beim Gebrauch das Porcellanschälchen mit dem daran haftenden Beschlage gestellt wird, um den letzteren in einen Jodidbeschlag zu verwandeln. Hat das Reagens zu rauchen aufgehört, so kann man es durch Zusatz von wasserfreier Phosphorsäure wieder wirksam machen.

Der Jodidbeschlag kann auch hervorgebracht werden, wenn man unterhalb des Beschlages ein brennendes, mit einer concentrirten Lösung von Jod in Alkohol getränktes Asbestbündel hin und her bewegt. Wird dabei an der Schale etwas wässerige, von Jod gebräunte Jodwasserstoffsäure mit condensirt, so kann sie leicht durch vorsichtiges Erwärmen entfernt werden.

Ammoniak und Schwefelammonium, finden bei manchen Proben namentlich bei der Unterscheidung von Beschlägen Anwendung.

Brom, in einer weithalsigen, gut verschliessbaren Flasche aufbewahrt, wird gebraucht indem man die Substanz dem Dampf aussetzt. Bromdampf wirkt bei Anwesenheit von Wasser oxydirend.

Ferrocyankalium, in Lösung, dient zur Erkennung von Eisen, Kupfer und Molybdän.

Essigsaures Bleioxyd, zur Nachweisung von Chrom.

Salpetersaures Wismuthoxyd, als Reagens auf Zinn.

Essigsäure wird benutzt bei den Untersuchungen auf Chrom, Vanadin, Mangan und Uran.

Cyanquecksilberlösung findet zur Nachweisung von Palladium eine seltene Verwendung.

Salzsäure, Salpetersäure und eine Mischung von beiden (Königswasser) werden vielfach angewandt.

Zur Prüfung verwendet man nur sehr kleine Mengen von der Substanz. Decrepitirende Stoffe werden zum feinsten Pulver zerrieben und auf ein befeuchtetes Filtrirpapierstreifchen von etwa 1 Quadratcentimeter Grösse angesogen. Verbrennt man dieses Streifchen vorsichtig zwischen zwei Ringen haarfeinen Platindrahtes, so bleibt die Probe als zusammenhängende Kruste zurück, die sich ohne Schwierigkeit in der Flamme behandeln lässt.

Methoden der Prüfung.

A. Verhalten beim Erhitzen.

70. Beim Erhitzen der Proben kommen folgende Erscheinungen in Betracht:

1) ob die Substanz leuchtet, wenn sie in die heisseste Stelle des Schmelzraumes gebracht wird.

2) ob sie schmilzt, und zwar ob bei höherer oder niederer Temperatur. Hierbei ist zu beachten, ob die Probe am Volumen schwindet, sich aufbläht, Blasen wirft, ob sie ihre Farbe ändert oder nach dem Erkalten durchsichtig ist.

3) ob sie sich verflüchtigt, dabei Geruch entwickelt und

4) ob sie die Flamme färbt. Flammenfärbende Stoffe welche in den oberen Reductionsraum gebracht werden, lassen die Färbungen in dem oberen Oxydationsraum hervortreten. Gemenge flammenfärbender Körper werden zuerst in dem kältesten Theil der Flammenbasis geprüft, wo die leicht flüchtigen Bestandtheile vor den übrigen zum Vorschein kommen.

B. Oxydation und Reduction.

71. 1) Glasflüsse. Die Oxydation und Reduction in Glasflüssen geschieht in der Weise, dass man die an Platindraht befestigten Perlen behufs Oxydation in den unteren Oxydationsraum, behufs Reduction in den unteren Reductionsraum bringt.

2) Reduction im Glasröhrchen. Man erhitzt die völlig trockene Probe mit Soda und Kohle (Terpentinölruss) oder mit Natrium oder Magnesium in einem einseitig geschlossenen, 3 mm weiten und 3 cm langen, dünnwandigen Glasröhrchen. Das Natrium wird mit Fliesspapier vom Steinöl befreit und zwischen den Fingern zu einem kleinen Cylinder ausgerollt, den man im Röhrchen mit der Probe umgibt. Magnesium wird in Gestalt kleiner Stücke Drahtes verwandt. Das Röhrchen wird bis zum Schmelzen des Glases erhitzt, wobei gewöhnlich eine Feuererscheinung im Innern desselben sichtbar wird. Nach dem Erkalten zerdrückt man es, um die erhaltenen Reductionsproducte weiter zu prüfen.

3) Reduction am Kohlenstäbchen. An die Spitze des Stäbchens bringt man die mit einem Tropfen von schmelzendem Sodakrystall zu einer breiigen Masse gemischte Probe von der Grösse eines Hirsekorns, führt dieselbe zunächst zum Schmelzen in die untere Oxydationsflamme und dann in den gegenüberliegenden heissesten Theil des unteren Reductionsraumes. Nach eingetretener Reduction, welche sich durch

heftiges Aufwallen der Soda zu erkennen gibt, lässt man die Probe in dem dunklen Kern der Flamme erkalten. Dann kneift man das Ende des Kohlenstäbchens ab, zerreibt es, mit einigen Tropfen Wasser versetzt, im Achatmörser, und prüft nach Abschlämmen der Kohle die Reductionsproducte auf gewöhnliche Weise weiter.

C. Beschläge auf Porcellan.

72. Die flüchtigen durch Wasserstoff und Kohle reducirbaren Elemente lassen sich entweder als solche oder als Oxyde aus ihren Verbindungen abscheiden und in Gestalt von Absätzen auf Porcellan niederschlagen. Solche Absätze kann man leicht in Jodide, Sulfide und andere Verbindungen überführen, die sehr charakteristische Erkennungsmerkmale abgeben. Die Absätze bestehen in der Mitte aus einer dickeren Schicht, welche nach allen Seiten hin ganz allmälig in einen hauchartigen Anflug übergeht, so dass man den dickeren Absatz als „Beschlag" von dem dünneren als „Anflug" zu unterscheiden hat. Diese Reactionen sind so scharf, dass in vielen Fällen 0,1 bis 1 mgr. ausreicht, um sie hervorzurufen.

Die zu erzeugenden Beschläge sind folgende:

a. Metallbeschlag. Derselbe wird erhalten, wenn man mit einer Hand an einem Asbestfaden ein Stäubchen der Probe in die obere nicht zu umfangreiche Reductionsflamme bringt, während man mit der anderen Hand eine mit kaltem Wasser gefüllte, aussen glasirte, dünnwandige Porcellanschale von 10—12 cm Durchmesser, dicht über dem Asbestfaden in die obere Reductionsflamme hält. Die Metalle scheiden sich als schwarze, matte oder spiegelnde Beschläge oder Anflüge aus, welche man auf ihre Löslichkeit in verdünnter Salpetersäure (etwa 20% wasserfreie Säure enthaltend) prüft.

b. Oxydbeschlag. Man hält die mit kaltem Wasser gefüllte Porcellanschale in den oberen Oxydationsraum der

Flamme und verfährt im Uebrigen, wie bei der Erzeugung von Metallbeschlägen. Hat man die Farbe des Oxydbeschlages beobachtet, so überzeugt man sich (1), ob ein Tropfen Zinnchlorürlösung eine Reduction hervorbringt; ist dieses nicht der Fall, so setzt man (2) Natronlauge zu bis zur Auflösung des gefällten Zinnoxydhydrats und achtet auf eine jetzt etwa eingetretene Reduction; darauf wird der Beschlag (3) mit völlig neutralem salpetersauren Silberoxyd behandelt, indem man einen Tropfen des Reagens mit Hilfe eines Glasstabes darauf ausbreitet und einen ammoniakalischen Luftstrom darüber bläst*).

c. Jodidbeschlag. Derselbe wird aus dem Oxydbeschlag dadurch erzeugt, dass man denselben anhaucht und über ein Gefäss mit Phosphortrijodid, aus welchem rauchende Jodwasserstoffsäure emporsteigt, hält. Der Jodidbeschlag wird durch Anhauchen von feuchter Luft und durch Anblasen von Ammoniak weiter untersucht.

d. Sulfidbeschlag wird aus dem Jodidbeschlage dadurch erzeugt, dass man auf denselben einen schwefelammoniumhaltigen Luftstrom bläst und das überflüssige Schwefelammonium durch gelindes Erwärmen des Porcellans entfernt. Man prüft den Beschlag durch Anhauchen und Betropfen mit Wasser auf seine Löslichkeit, wodurch die in der Regel unlöslichen Sulfidbeschläge von gleichgefärbten Jodidbeschlägen unterschieden werden; in gleicher Weise untersucht man das Sulfid auf seine Löslichkeit in Schwefelammonium.

Uebersicht der Flammenreactionen.

Die Elemente, welche durch ihre Flammenreactionen erkannt werden, lassen sich nach ihrem Verhalten bei der Oxydation und Reduction in drei Gruppen eintheilen,

*) Letzteres geschieht am besten durch Benutzung einer kleinen, Ammoniak enthaltenden Spritzflasche, bei der das Blasrohr unter der Flüssigkeit, das Spritzrohr dagegen unter dem Kork mündet.

(A) Zu Metall reducirbare, flüchtige,

Die Reactionen dieser Stoffe sind in

	Metallbeschlag und Anflug.	Oxydbeschlag und Anflug.	Oxydbeschlag mit $SnCl_2$	Oxydbeschlag mit $SnCl_2$ und NaHO	Oxydbeschlag mit $AgNO_3$ und NH_3
74 Te.	Schwarz mit braunem Anflug	Weiss	Schwarz	Schwarz	Weiss ins Gelbliche
75 Se.	Kirschroth mit ziegelrothem Anflug	Weiss	Ziegelroth	Schwarz	Weiss
76 Sb.	Schwarz mit braunem Anflug	Weiss	Weiss	Weiss	Schwarz in NH_3 unlöslich
77 As.	Schwarz mit braunem Anflug	Weiss	Weiss	Weiss	Citronengelb oder braunroth in NH_3 löslich
78 Bi.	Schwarz mit russbraunem Anflug	Gelblichweiss	Weiss	Weiss	Weiss
79 Hg.	Grauer, unzusammenhängender Anflug				
80 Tl.	Schwarz mit braunem Anflug	Weiss	Weiss	Weiss	Weiss
81 Pb.	Schwarz mit braunem Anflug	hellockergelb	Weiss	Weiss	Weiss
82 Cd.	Schwarz mit braunem Anflug	Schwarz in braun mit weissem Anflug	Weiss	Weiss	Weisser Anflug wird blauschwarz
83 Zn.	Schwarz mit braunem Anflug	Weiss	Weiss	Weiss	Weiss
84 In.	Schwarz mit braunem Anflug	Gelblichweiss	Weiss	Weiss	Weiss

als Beschläge abscheidbare Elemente.

der folgenden Tabelle zusammengestellt.

Jodidbeschlag und Anflug	Jodidbeschlag mit NH_3	Sulfidbeschlag und Anflug	Sulfidbeschlag mit $(NH_4)_2S$	Flammenfärbung und Geruch	
Braun, vorübergehend verhauchbar	Bleibend verblasbar	Schwarz bis schwarzbraun	Vorübergehend verschwindend	Obere Reductionsflamme fahlblau; obere Oxydationsfl. grün; kein Geruch	Stoffe, deren Metallbeschlag in verdünnter Salpetersäure kaum löslich.
Braun, nicht völlig verhauchbar	Nicht verblasbar	Gelb bis orange	Orange, dann vorübergehend verschwindend	Kornblumenblau: Geruch des faulen Rettigs.	
Orangeroth, durch Gelb vorübergehend verhauchbar	Bleibend verblasbar	Orange	Vorübergehend verschwindend	Oberer Reductionsraum fahlgrün	
Eigelb, vorübergehend verhauchbar	Bleibend verblasbar	Citronengelb	Vorübergehend verschwindend	Oberer Reductionsraum fahlblau. Knoblauchsgeruch	
Bläulich braun, mit fleisch- bis morgenrothem Anflug, vorübergeh. verhauchbar	Morgenroth bis eigelb, trocken geblasen kastanienbraun	Umbrabraun mit kaffeebraunem Anflug	Nicht verschwindend	Bläulich, nicht charakteristisch	Stoffe, deren Metallbeschlag in verdünnter Salpetersäure schwer löslich.
Carminroth und citronengelb; nicht verhauchbar	Vorübergehend verblasbar	Schwarz	Nicht verschwindend		
Citronengelb, nicht verhauchbar	Nicht verblasbar	Schwarz mit bläulichgrauem Anflug.	Nicht verschwindend	Hell grasgrün	
Eigelb bis citronengelb, nicht verhauchbar	Vorübergehend verblasbar	Durch braunroth in schwarz	Nicht verschwindend	Fahlblau	Stoffe, deren Metallbeschlag in verdünnter Salpetersäure momentan löslich.
Weiss	Weiss	Citronengelb	Nicht verschwindend		
Weiss	Weiss	Weiss	Nicht verschwindend		
Gelblichweiss	Gelblichweiss	Weiss	Nicht verschwindend	intensiv indigblau	

A. Zu Metall reducirbare, flüchtige, als Beschläge abscheidbare Stoffe,

B. Zu Metall reducirbare, keine Beschläge gebende Stoffe,

C. Elemente, welche am besten an dem Verhalten ihrer Verbindungen erkannt werden.

Unter Hinzunahme der an der Flammenfärbung erkennbaren Stoffe, erhält man die folgende Uebersicht der Flammenreactionen. Die den Elementen beigefügten Zahlen beziehen sich auf die Paragraphen, in welchen das Verhalten beschrieben ist.

Angewandte Methode.	Erhaltene Reaction.	deutet auf:
I. Man versucht einen Metallbeschlag am Porcellanschälchen hervorzubringen.	Ein Beschlag, der auf seine Löslichkeit in verdünnter Salpetersäure geprüft wird.	kaum löslich: Tellur (74), Selen (75), Antimon (76), Arsen (77). schwer löslich: Wismuth (78), Quecksilber (79), Thallium (80). sofort löslich: Blei (81), Cadmium (82), Zink, (83), Indium (84).
II. Man erhitzt die Substanz mit Soda im Kohlenstäbchen.	a) ein graues Pulver:	magnetisch: Eisen (85), Nickel (86), Kobalt (87). nicht magnetisch: Palladium (88), Platin (89), Rhodium (91), Iridium (90).
	b) ein Metallkorn:	Kupfer (95), Zinn (96), Silber (94), Gold (93).
III. Man glüht die Masse mit Na_2CO_3 und KNO_3 im Platindraht.	a) eine weisse oder farblose Schmelze:	Molybdän (97), Wolfram (98), Titan (99), Tantal, Niob, Kiesel (104).
	b) eine gelbe Schmelze:	Chrom (100), Vanadin (101),
	c) eine grüne Schmelze:	Mangan (102).
IV. Specielle Verfahren zur Ermittelung von Uran (103), Phosphor (105), Schwefel (106).		
V. Flammenfärbung.	Natrium (50), Strontium (54), Lithium (51), Barium (52), Kalium (49), Calcium (53).	

(B.) Zu Metall reducirbare, keine Beschläge gebende Stoffe.

85. Eisenverbindungen. Reduction am Kohlenstäbchen. Weder ein Metallkorn noch glänzende Flitter; die im Achatmörser fein zerriebene reducirte Masse bildet am Magnet eine schwarze nicht metallglänzende Bürste, welche auf Papier gestrichen und mit Königswasser betropft, beim Erwärmen über der Flamme einen gelben Fleck erzeugt, welcher beim Anfeuchten mit Ferrocyankalium tiefblau wird. Das Papier ist zuvor auf Eisen zu prüfen.

Boraxperle. Oxydationsflamme heiss gelb bis braunroth, kalt gelb bis braungelb; Reductionsflamme bouteillengrün.

86. Nickelverbindungen. Reduction am Kohlenstäbchen. Weisse glänzende, ductile Metallflitter, welche sich bürstenartig an den Magnet lagern. Auf Papier abgestrichen, gibt das Metall mit Salpetersäure eine grüne Lösung, welche nach Betropfen mit Natronlauge, Einhängen in Bromdampf und abermaligem Betupfen mit Natronlauge einen schwarzen Fleck von Nickelsuperoxyd ausscheidet.

Boraxperle. Oxydationsflamme: schmutzig violett, obere Reductionsflamme: grau von metallisch abgeschiedenem Nickel, das sich oft zu silberweissem Nickelschwamm vereinigt, wobei die Perle farblos wird.

87. Kobaltverbindungen. Reduction am Kohlenstäbchen. Weisse, glänzende, ductile Metallflitter, die am Magnet eine Bürste bilden. Auf Papier gestrichen, gibt das Metall mit Salpetersäure eine rothe Lösung, welche nach Betropfen mit Salzsäure und Trocknen einen grünen Fleck hinterlässt, der beim Anfeuchten wieder verschwindet. Mittelst Natronlauge und Bromdampf erhält man wie bei Nickel einen braunschwarzen Fleck von Superoxyd.

Boraxperle: in beiden Flammen tiefblau.

88. Palladiumverbindungen. Mit Soda am Platindraht. In der oberen Oxydationsflamme erhält man eine graue, dem Platinschwamm ähnliche Masse, die beim Reiben im Achatmörser silberweisse, glänzende, ductile Metallflitter ergibt, welche sich in Salpetersäure mit rother Farbe lösen. Setzt man einen Tropfen Cyanquecksilberlösung zu und bläst einen ammoniakalischen Luftstrom über die Flüssigkeit, so entsteht ein weisser flockiger Niederschlag, der sich in überschüssigem Reagens wieder löst.

89. Platinverbindungen. Mit Soda am Platindraht. In der oberen Oxydationsflamme werden Platinverbindungen zu einer grauen schwammähnlichen Masse reducirt, welche, im Achatmörser zerrieben, silberweisse, glänzende, ductile Metallflitter liefert; diese sind sowohl in Salpetersäure als auch in Salzsäure unlöslich, in Königswasser hingegen leicht löslich und zwar mit hellgelber Farbe, wenn das Platin rein ist, mit bräunlich gelber, wenn Palladium, Rhodium oder Iridium zugegen sind. Cyanquecksilber und Anblasen von Ammoniak bewirken keinen weissen flockigen Niederschlag, sondern einen gelben krystallinischen von Ammoniumplatinchlorid.

90. Iridiumverbindungen. Mit Soda am Platindraht. In der oberen Oxydationsflamme findet eine Reduction zu Metall statt, welches sich beim Reiben im Achatmörser weder als glänzend noch als ductil erweist und in Säuren, einschliesslich Königswasser, ganz unlöslich ist.

91. Rhodiumverbindungen. Diese unterscheiden sich von den Iridiumverbindungen nur dadurch, dass das Metallpulver beim Schmelzen mit saurem schwefelsauren Kali theilweise oxydirt wird und eine rosenrothe Lösung gibt.

92. Osmiumverbindungen werden in der Oxydationsflamme zu Osmiumsäure oxydirt, welche flüchtig ist und einen chlorartig stechenden, die Augen angreifenden Geruch entwickelt.

93. Goldverbindungen. Mit Soda am Kohlenstäbchen. Man bekommt ein gelbes, glänzendes Korn, das im Mörser goldglänzende Blättchen gibt. Dieselben lösen sich weder in Salzsäure noch in Salpetersäure, wohl aber in Königswasser. Wird die hellgelbe Lösung in Fliesspapier aufgesogen und mit Zinnchlorür benetzt, so bildet sich Goldpurpur.

94. Silberverbindungen. Mit Soda am Kohlenstäbchen. Es entsteht ein weisses, ductiles Korn, welches sich bei gelindem Erwärmen in Salpetersäure löst. Salzsäure bewirkt in der Lösung einen weissen käsigen Niederschlag, der in Ammoniak löslich, in Salpetersäure unlöslich ist.

95. Kupferverbindungen. Mit Soda am Kohlenstäbchen. Man erhält ein kupferrothes, glänzendes Korn, welches sich in Salpetersäure mit blauer Farbe löst. Saugt man die Lösung auf Fliesspapier, so erhält man auf Zusatz von Blutlaugensalz einen braunen Niederschlag.

Boraxperle. Man bekommt eine blaue Perle, welche in der unteren Reductionsflamme nach Zusatz von etwas Zinnoxyd, in Folge Bildung von Kupferoxydul rothbraun wird. Durch abwechselndes Oxydiren und Reduciren wird die Perle rubinroth und durchsichtig, am besten, wenn man die reducirte Perle langsam sich oxydiren lässt.

96. Zinnverbindungen. Am Kohlenstäbchen. Weisses, glänzendes, ductiles Korn, das sich in Salzsäure langsam löst und von Salpetersäure in unlösliches Zinnoxyd verwandelt wird. In der Auflösung bewirkt salpetersaures Wismuthoxyd und ein Überschuss von Aetznatron einen schwarzen Niederschlag.

(C.) Elemente, welche am besten an dem Verhalten ihrer Verbindungen erkannt werden.

97. Molybdänverbindungen. Mit Soda am Kohlenstächen. Schwierig zu einem grauen Pulver reducirbar.

Boraxperle, (wenig charakteristisch). Die Perle ist in der Oxydationsflamme anfangs farblos, und wird bei voller Sättigung emailartig bläulich.

Specielle Reactionen. Die fein gepulverte Substanz wird mit Soda, welche man durch Abschmelzen von einem Sodakrystall in der geeigneten Beschaffenheit erhält, gemischt und das Gemisch auf einer Platinspirale von etwa 2—3 mm Durchmesser in der Lampenflamme geschmolzen. Man klopft die noch weissglühende Masse ab und löst sie in einigen Tropfen warmen Wassers. Die über dem Bodensatz stehende klare Flüssigkeit wird in einige Streifen Fliesspapier aufgesogen und folgenden Reactionen unterworfen: Nach Ansäuern von Salzsäure bringt Blutlaugensalz einen rothbraunen Fleck hervor. Zinnchlorür, allmälig zugesetzt, bewirkt entweder sofort oder nach gelindem Erwärmen eine blaue Färbung. Schwefelammonium erzeugt eine braune Färbung und auf Zusatz von Salzsäure einen braunen Niederschlag, wobei sich das Papier oft blau färbt.

98. Wolframverbindungen. Man schliesst diese Verbindungen in der Weise auf, wie es beim Molybdän beschrieben ist und saugt die wässerige Lösung in Fliesspapier. Salzsäure und Blutlaugensalz geben keine Reaction; Zinnchlorür bewirkt sogleich oder beim Erwärmen eine Blaufärbung. Schwefelammonium gibt weder für sich noch mit Salzsäure einen Niederschlag, färbt jedoch, namentlich beim Erwärmen, das Papier blau oder grünlich.

99. Titanverbindungen. Phosphorsalzperle; in der Oxydationsflamme farblos, wird sie in der Reductionsflamme schwach amethystfarbig; setzt man der Perle etwas Eisenvitriol zu, so nimmt sie in der unteren Reductionsflamme eine rothe Farbe an.

Mit Soda am Platindraht. Zur farblosen durchsichtigen Schmelze löslich, die beim Erkalten trübe wird.

Benetzt man die noch heisse Perle mit Zinnchlorür und bringt sie in den unteren Reductionsraum der Flamme, so erhält man man eine graue Masse, die sich in Salzsäure mit schwacher Amethystfarbe beim Erwärmen löst.

Tantal und Niobverbindungen verhalten sich wie die Titanverbindungen.

100. Chromverbindungen. Mit Soda in der Platinspirale. Schliesst man Chromverbindungen unter wiederholtem Zusatz von Salpeter auf, so bekommt man eine hellgelbe Schmelze, die sich in Wasser mit gleicher Farbe löst. Trennt man die Flüssigkeit vom Bodensatz, säuert sie mit Essigsäure an und nimmt sie mit Fliesspapier auf, so bewirkt Bleilösung einen gelben, Silberlösung einen rothbraunen Niederschlag. Schwefelammonium, Zinnchlorür oder Eindampfen mit Königswasser verändern die gelbe Farbe der Lösung in grün.

Boraxperle; in beiden Flammen smaragdgrün.

101. Vanadinverbindungen. Mit Soda und Salpeter in der Platinspirale. Man erhält eine gelbe Schmelze, deren mit Essigsäure versetzte Lösung durch Silberlösung gelb gefärbt wird. Wird die Lösung mit Königswasser eingedampft, so erhält man keine grüne Flüssigkeit, sondern eine gelbe oder gelbbraune, welche durch Zinnchlorür blau gefärbt wird.

Boraxperle: Oxydationsflamme grünlichgelb, Reductionsflamme grün.

102. Manganverbindungen. Boraxperle: Oxydationsflamme amethystfarbig, Reductionsflamme farblos.

Mit Soda und Salpeter in der Platinspirale. Es entsteht eine grüne Schmelze, welche sich in Wasser mit grüner Farbe löst. Durch Essigsäure wird die Flüssigkeit roth und später farblos, unter Abscheidung brauner Flecken.

103. Uranverbindungen. Boraxperle: Oxydationsflamme gelb, Reductionsflamme grün. Von der sehr ähnlichen Eisenreaction unterscheidet sich die heisse Uranperle durch Ausstrahlung eines blaugrünen Lichtes.

Phosphorsalzperle. Reductionsflamme schön grün, während Eisen eine kalt röthliche oder farblose Perle gibt.

Mit saurem schwefelsauren Kali in der Platinspirale. Die Schmelze wird mit einigen Körnchen krystallisirter Soda zerrieben, angefeuchtet und in Fliesspapier aufgesogen. Nach Ansäuern mit Essigsäure bewirkt Blutlaugensalz einen braunen Fleck.

104. Kieselsäureverbindungen. Phosphorsalzperle. Kleine Splitterchen von Silicaten geben ein gelatinöses, unschmelzbares, in der Perle schwimmendes Kieselsäureskelett.

Mit Soda am Platindraht. Unter Aufbrausen entsteht in der Oxydationsflamme eine klare Perle. Versetzt man dieselbe mit Wasser und Essigsäure und dampt die Lösung vorsichtig ab, so scheidet sich gallertartig Kieselsäurehydrat ab.

105. Phosphorverbindungen. Die völlig trockene Probe wird mit einem Stückchen Magnesiumdraht oder Natrium in einem unten zugeschmolzenen Glasröhrchen erhitzt, wobei die Masse zum Glühen kommt. Wird das Röhrchen dann zerdrückt und der Inhalt mit Wasser angefeuchtet, so entsteht der charakteristische Geruch von Phosphorwasserstoff.

106. Schwefelverbindungen. Mit Soda am Kohlenstäbchen. Im unteren Reductionsraum der Flamme erhält man eine Schmelze, welche, angefeuchtet, auf Silberblech einen schwarzen Fleck hervorbringt. Diese Reaction ist aber nur dann zuverlässig, wenn das Leuchtgas schwefelfrei und nach §§ 74 und 75 die Abwesenheit von Selen und Tellur, welche die gleiche Reaction hervorbringen, constatirt ist.

Schwefelmetalle geben den Schwefelgehalt, schon durch die Entwicklung von schwefliger Säure beim Erhitzen in der Flamme zu erkennen.

III. Capitel.

Specielle Nachweisung gewisser Stoffe in zusammengesetzten Verbindungen.

107. Die im vorigen Capitel beschriebenen Reactionen haben den Zweck, die in einfach zusammengesetzten Verbindungen vorkommenden Stoffe zu charakterisiren. Für Körper von complicirterer Zusammensetzung, mit denen man es in der Praxis meistens zu thun hat, reichen sie jedoch nicht immer aus, weil das Verhalten der einzelnen Substanzen durch gleichzeitige Reactionen anderer Bestandtheile oft verdeckt oder modificirt wird. An einem Beispiele lässt sich erkennen, in welchem Masse dies zuweilen der Fall ist. Das Mineral Bournonit, welches hauptsächlich aus Blei besteht und daneben in geringerer Menge Antimon, Kupfer und Schwefel enthält, müsste, wenn es sich wie eine einfache Bleiverbindung verhielte, einen in der Hitze citronengelben nach dem Erkalten schwefelgelben Beschlag und ein graues, ductiles Metallkorn geben. Bournonit hingegen bringt zunächst einen weissen Anflug von Antimonoxyd und gleich darauf einen dunkelgelben Beschlag hervor, wie er sonst für Wismuth charakteristisch ist. Das Metallkorn ist schwarz und spröde; es löst sich in Borax mit grüner, nach dem Erkalten blauer Farbe, eine Reaction die Kupfer andeutet und erwarten lässt, dass die Perle in der Reductionsflamme braun wird. Aber auch dieses ist nicht immer der Fall, denn, wenn beim Erhitzen auf Kohle nicht alles Antimon verflüchtigt worden, färbt sich die Perle grau.

In solchen Fällen gelingt es zwar häufig durch aufmerksame Beobachtung aller Erscheinungen sowie durch sorgfältige Vergleichung der aus verschiedenen Versuchen gewonnenen Resultate, viele, wenn nicht alle Bestandtheile einer Substanz auf gewöhlichem Wege zu ermitteln. Häufiger indessen muss die Untersuchung eine vom gewöhnlichen Gange abweichende Form annehmen, und oft genügt auch dieses nicht und bleibt nichts übrig, als den nassen Weg zu Hilfe zu nehmen.

Wie in den Fällen, wo ein besonderes Verfahren zur Erkennung eines Körpers neben anderen erforderlich, die Untersuchung auszuführen ist, wird im vorliegenden Capitel mitgetheilt. Dasselbe enthält ausserdem die wichtigsten Reactionen solcher Stoffe, welche durch die gewöhnlichen Löthrohrproben nicht genügend charakterisirt werden. Zur Erleichterung des Nachschlagens sind die Elemente in alphabetischer Reihenfolge geordnet.

108. Ammoniak. Man mengt die Substanz mit etwas Soda oder Aetzkali und erhitzt das Gemisch in einer einseitig geschlossenen Röhre. Das Ammoniak gibt sich durch den Geruch und durch die Nebel zu erkennen, welche das entweichende Gas in der Nähe eines mit Salzsäure benetzten Glasstabes bildet.

Es darf aber nicht übersehen werden, dass organische stickstoffhaltige Substanzen bei dieser Behandlung ebenfalls Ammoniak als Zersetzungsproduct entwickeln.

Antimon. Das Verhalten der Antimonverbindungen in der an einem Ende zugeschmolzenen Röhre siehe § 11. — Verhalten in der offenen Röhre § 16. — Verhalten auf Kohle § 25. — Verhalten zu unterschwefligsaurem Natron § 62. — Bunsen'sche Flammenreactionen § 76. — Uebersicht der wichtigsten Löthrohrreactionen No. 16 der Tabelle am Schluss des Buches.

109. Um Antimon neben anderen flüchtigen Metallen aufzufinden, befeuchtet man den Beschlag auf Kohle mit einem Tropfen Jodwasserstoffsäure, welche man erhält, wenn man einen Schwefelwasserstoffstrom durch Wasser leitet, in welchem gepulvertes Jod suspendirt ist. Bei nochmaligem Erhitzen färbt sich dann der Antimonbeschlag schön roth, der Wismuthbeschlag braun, der Bleibeschlag hellgelb und der Cadmiumbeschlag weiss. Da die gebildeten Jodidbeschläge von einander sehr verschieden und überdies sehr deutlich sind, kann man die genannten Metalle nebeneinander erkennen. (Haanel)

Eine andere Methode zur Entdeckung von Antimon neben Blei und Wismuth besteht darin, dass man die Probe [No. 45 oder 81] auf Kohle in der Oxydationsflamme mit verglaster Borsäure zusammenschmilzt, welche das Blei- und Wismuthoxyd aufnimmt, während das Antimonoxyd die Kohle beschlägt. Die Temperatur darf keine zu hohe sein.

110. Antimon, welches an Kupfer gebunden ist, lässt sich so schwer von demselben trennen, dass ein Antimonbeschlag kaum zum Vorschein kommt. Man behandelt eine derartige Substanz [No. 82] mit Phosphorsalz so lange, bis ein Theil des Antimons ins Glas übergegangen ist, trennt dieses vom Metallkorn und erhitzt es auf einem anderen Stück Kohle mit Zinn in der Reductionsflamme. Bei Gegenwart von Antimon wird das Glas grau oder schwarz (No. 16 der Tabelle). Ist indess gleichzeitig Wismuth vorhanden, das sich ebenso verhält wie Antimon, so muss der nasse Weg zu Hilfe genommen werden.

111. Antimon-, Zinn- und Kupferoxyd. Man behandelt die Substanz mit einem Gemisch von Soda und Borax im Reductionsfeuer, trennt die Metallkügelchen vom Glase und schmilzt sie mit dem 3—4fachen Volumen Probirblei und etwas verglaster Borsäure reducirend zusammen. Das Kupfer bleibt regulinisch zurück, das Zinn geht in die Schlacke und das Antimon beschlägt die Kohle.

112. Schwefelantimon und Schwefelblei. Während die Antimonsulfide die in § 16 angegebenen Reactionen zeigen, bildet sich bei Gegenwart von Schwefelblei nur ein geringes Sublimat von Antimonoxyd. Der Rückstand bildet ein weisses Pulver, das aus einer Mischung von antimonsaurem Antimonoxyd, schwefelsaurem und antimonsaurem Bleioxyd besteht. Zur Erkennung von Antimon verfährt man nach § 120.

Schwefelantimon und Schwefelblei oder Schwefelwismuth geben in der Reductionsflamme auf Kohle nahe bei der Probe einen gelben Beschlag von Blei- oder Wismuthoxyd und weiter ab einen weissen von Antimonoxyd, vermischt mit schwefelsaurem Blei- oder Wismuthoxyd. Antimon wird nach § 120 ermittelt.

113. Um eine geringe Menge Schwefelantimon in Schwefelarsen nachzuweisen, empfiehlt Plattner folgende Methode. Die Probe [No. 23] wird in einer einseitig geschlossenen Röhre schwach erhitzt, wobei was Schwefelarsen sich verflüchtigt und der grössere Theil des Schwefelantimons als schwarzes Pulver im unteren Ende der Röhre zurückbleibt. Dieses Ende wird abgebrochen und die darin befindliche Substanz in eine an beiden Enden offene Röhre gebracht. Erhitzen bringt dann die charakteristische Antimonreaction hervor.

Arsen. Das Verhalten der Arsenverbindungen in der an einem Ende zugeschmolzenen Röhre siehe § 11. Verhalten in der offenen Röhre § 15. — Verhalten auf Kohle § 33. — Verhalten zu unterschwefligsaurem Natron § 62. — Bunsen'sche Flammenrationen § 77. —

114. Alle Arsenmetalle geben in der offenen Glasröhre

ein Sublimat von arseniger Säure (siehe § 15) und die meisten entwickeln auf Kohle im Reductionsfeuer den charakteristischen Arsengeruch*) (§ 33) [No. 73]. Wenn beim Vorhandensein von Nickel oder Kobalt der Geruch nicht wahrzunehmen ist, kann er in den meisten Fällen durch Schmelzen mit Probirblei in der Oxydationsflamme hervorgerufen werden.

115. Die Arsensulfide entwickeln beim Erhitzen in der offenen Röhre schweflige Säure und geben ein Sublimat von arseniger Säure. Um Arsen in irgend einer Verbindung mit Schwefel bestimmt nachzuweisen, mengt man die gepulverte Probe [No. 76] mit dem sechsfachen Volumen einer Mischung von gleichen Theilen Cyankalium und Soda, bringt das Ganze in eine Glasröhre, deren eines Ende zu einer Kugel aufgeblasen ist, und erwärmt anfangs gelinde, allmälig aber bis zur Rothgluth. Am kälteren Theil der Röhre entsteht dann ein Arsenspiegel.

Zum guten Gelingen dieses charakteristischen Versuchs ist es nöthig, dass Substanz und Reagentien vollkommen trocken sind. Entweicht im Anfang dennoch Feuchtigkeit, so muss diese mit Hilfe eines zusammengerollten Streifchens Fliesspapier entfernt werden.

116. Wenn Schwefelarsenmetalle auf Kohle geglüht werden, kann es vorkommen, dass sämmtliches Arsen, besonders wenn es in geringerer Menge vorhanden ist, mit Schwefel verbunden fortgeht. Um dies zu verhüten, mischt man solche Verbindungen [No. 23] mit drei bis vier Theilen neutralem oxalsauren Kali oder Cyankalium und erhitzt sie in der Reductionsflamme. Es bildet sich Schwefelkalium und

*) Nach Vogel wird der Arsengeruch am besten hervorgebracht, wenn man die Probe mit Kohlenpulver und verdünnter Schellacklösung zu einem Teig mengt, aus diesem ein Stängchen formt und dasselbe in's Glimmen versetzt.

das Arsen entweicht, wenn nicht an Kobalt oder Nickel gebunden, mit dem bekannten Geruch.

117. Eine sehr kleine Menge arseniger Säure lässt sich nach Berzelius folgendermassen mit Leichtigkeit nachweisen.

Man bringt in eine ausgezogene Glasröhre (Fig. 19) ein Körnchen der Substanz [No. 41], schiebt ein Splitterchen von frisch ausgeglühter Holzkohle bis nahe auf den Boden und erhitzt erst die Kohle, darauf die Substanz zum Glühen. Die arsenige Säure wird, sobald die Dämpfe bei der glühenden Kohle vorüberkommen, zu Metall reducirt, welches sich als Spiegel absetzt. Bricht man die Röhre zwischen *a* und *b* ab und erhitzt, so kann man sich auch durch den Geruch von der Anwesenheit des Arsens überzeugen.

Fig. 19.

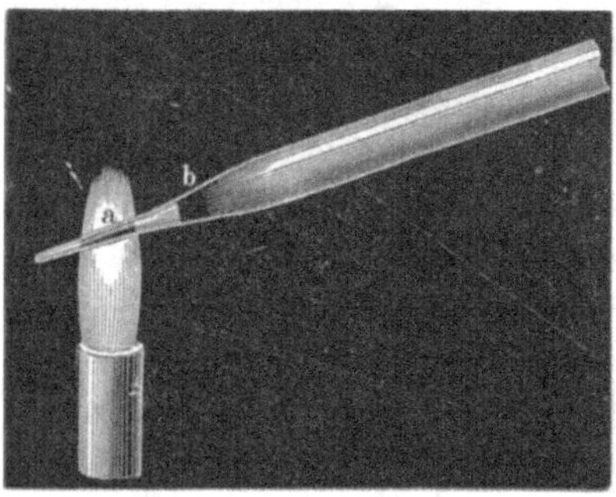

118. Um Arsen in arsensauren oder arsenigsauren Salzen nachzuweisen, genügt in den meisten Fällen die Behandlung mit Soda oder einem Gemenge von Soda und Cyankalium (vergl. § 115). Wenn jedoch sehr kleine Mengen dieser Säuren an leicht reducirbare Metalle gebunden sind, so muss der nasse Weg eingeschlagen werden.

Blei. Das Verhalten der Bleiverbindungen in der an einem Ende zugeschmolzenen Röhre siehe § 12. — Verhalten auf Kohle § 27. — Verhalten zu unterschwefligsaurem Natron § 62. — Bunsen'sche Flammenreactionen § 81. — Uebersicht der wichtigsten Löthrohrreactionen No. 18 der Tabelle am Schlusse des Buches.

119. Eine Legirung von Blei und Zink [No. 47] beschlägt die Kohle mit Blei- und Zinkoxyd, wovon ersteres durch die Farbe des Beschlages und durch den fahlblauen Schein erkannt wird, welcher der Reductionsflamme mitgetheilt wird (vergl. § 27). Zink weist man durch Kobaltsolution nach, mit welcher man die Kohle in der Nähe der Probe befeuchtet. Die entstehende grüne Färbung ist von dem Bleibeschlage leicht zu unterscheiden.

Eine Legirung von Blei und Wismuth [No. 46] gibt einen etwas dunkleren Beschlag als reines Blei. Wismuth wird nach § 172 nachgewiesen, Blei durch den fahlblauen Schein der Reductionsflamme. In Bezug auf die Auffindung von Blei neben anderen flüchtigen Metallen mittelst Jodwasserstoffsäure vergl. § 109.

120. Um Blei in Sulfiden aufzufinden, wird die Substanz auf Kohle reducirend behandelt, wobei das Blei am Beschlag erkannt wird. Hierbei kann eine Beimischnng von Antimon nicht bemerkt werden, da der Anflug von schwefelsaurem Bleioxyd, welcher den Oxydbeschlag umgibt, leicht mit dem Beschlag von Antimonoxyd verwechselt werden kann.

Um in solchem Falle Antimon gleichzeitig nachzuweisen, genügt es, die gepulverte Probe [No. 81] mit Soda zu versetzen und kurze Zeit*) in der Reductionsflamme zu erhitzen. Bei Abwesenheit von Antimon ist der Beschlag rein gelb mit bläulichweissem Rand; im anderen Fall ist er von einem weissen, aus Antimonoxyd bestehenden Anflug umgeben und besitzt der Bleioxydbeschlag eine dunkel orangegelbe Farbe in Folge von gebildetem antimonsauren Bleioxyd.

121. Ist Schwefelblei einer grösseren Menge Schwefelkupfer [No. 24] beigemengt, so lässt das durch Reduction

*) Bläst man zu lange, so verdampft das Schwefelnatrium und gibt einen Beschlag von schwefelsaurem Natron.

erhaltene Metallkorn die Anwesenheit von Blei nicht erkennen, doch bringt eine starke Oxydationsflamme das Blei zum Verdampfen und Beschlagen.

Chlorblei schmilzt vor dem Löthrohr und liefert zwei Beschläge: einen weissen, flüchtigen (Chlorid) und einen weniger flüchtigen gelben (Oxyd). Ueberdies färbt es die Reductionsflamme fahlblau.

Phosphorsaures Bleioxyd für sich schmilzt auf Kohle zu einem Korn, wobei ein sehr geringer oder auch gar kein Beschlag zum Vorschein kommt. Während der Abkühlung krystallisirt das Korn mit grossen weissen Facetten von perlartigem Glanz.

122. Borsäure. Zur Erzeugung der gelbgrünen Färbung, welche Borsäure der Löthrohrflamme ertheilt, werden die Salze [No. 26] fein gepulvert, mit einem Tropfen concentrirter Schwefelsäure befeuchtet und entweder am Platindraht in die Flamme gebracht oder mit Alkohol übergossen, der darauf angezündet wird.

Noch sicherer gelingt die Nachweisung der kleinsten in Salzen oder Mineralien enthaltenen Menge Borsäure durch Zusammenschmelzen der fein gepulverten Substanz mit 4 Thl. saurem schwefelsauren Kali und 1 Thl. Flussspath. Dies Gemenge wird mit einigen Tropfen Wasser befeuchtet, in das Oehr des Platindrahts gestrichen und in die Flamme gehalten. Beim Schmelzen entweicht Fluorbor, das die Flamme rein grün färbt. Da die Reaction nur wenige Minuten andauert, ist eine aufmerksame Beobachtung geboten.

Eine andere sehr empfindliche Reaction ist von Iles veröffentlicht: Man feuchtet die fein zerriebene Substanz auf Platinblech mit Schwefelsäure an, verdampft die überschüssige Säure durch gelindes Erwärmen und mengt den Rückstand mit Glycerin zu einem Teig an, den man am

Platindraht in die Flamme bringt; diese wird dadurch schön grün gefärbt.

123. Borsaure Verbindung mit alkalischer oder alkalischerdiger Basis untersucht man auf folgende Art: Man löst die Probe in verdünnter Salzsäure, taucht ein Stück Curcumapapier bis zur Hälfte in die Lösung und trocknet das Papier auf einem Uhrglas bei 100° C. Die eingetauchte Hälfte wird, wenn Borsäure vorhanden ist, bräunlichroth gefärbt*).

Befeuchtet man das rothgefärbte Curcumapapier mit etwas Sodalösung, so geht die Farbe in blau- oder grünschwarz über.

Brom. Das Verhalten von Bromverbindungen zu saurem schwefelsauren Kali siehe § 64. — Bromsilber entwickelt bei dieser Reaction nur sehr wenig Bromdämpfe; es sammelt sich am Boden des Kölbchens als ein rother Tropfen, der nach dem Erkalten eine gelbe Masse bildet. Löst man das saure Salz in heissem Wasser und bringt das gereinigte und getrocknete Bromsilber an das Sonnenlicht, so färbt es sich dunkel spargelgrün. Chlorsilber färbt sich grau oder violett.

124. Setzt man eine Bromverbindung einer kupferoxydhaltigen Phosphorsalzperle zu und bringt diese an die blaue Flammenspitze, so färbt letztere sich grünlichblau, besonders an den Kanten [No. 31]. Nach dem Verdampfen des Broms bleibt die grüne Flamme des Kupfers zurück. Chlor verhält sich ähnlich (vergl. § 126).

Cadmium. Das Verhalten der Cadmiumverbindungen auf Kohle siehe § 35. — Verhalten zu unterschwefligsaurem Natron § 62. — Bunsen'sche Flammenreactionen § 82. — Uebersicht der wichtigsten Löthrohrreactionen No. 19 der Tabelle am Schlusse des Buches.

---

*) Mit dieser Färbung darf die durch concentrirte Salzsäure hervorgebrachte schwarzbraune nicht verwechselt werden.

125. Cadmium- und Zinkoxyd. Man mengt die gepulverte Probe mit Soda und bringt sie auf Kohle in die Reductionsflamme. Es bildet sich zuerst der braune Cadmiumoxydbeschlag und erst später der des weniger flüchtigen Zinks [No. 50].

Chlor. Das Verhalten der Chlorverbindungen zu saurem schwefelsauren Kali siehe § 65.

126. Man löst mit Hilfe der Oxydationsflamme soviel Kupferoxyd in einer auf Platindraht befindlichen Phosphorsalzperle, bis das Glas fast undurchsichtig wird, bringt dann einige Körnchen der gepulverten Probe [No. 33] an die Perle und richtet auf diese die Spitze der blauen Flamme. Bei Anwesenheit von Chlor färbt sich die Flamme intensiv blau in Folge von gebildetem Chlorkupfer (§ 41). Mit dieser Reaction lassen sich selbst kleine Mengen Chlor nachweisen. Brom verhält sich ähnlich.

127. Mischt man ein Chlormetall mit trockenem chromsauren Kali im Glaskölbchen, setzt concentrirte Schwefelsäure hinzu und erhitzt gelinde, so bildet sich Chlorchromsäure, ein dunkelbraunrothes Gas, das sich zu gleichgefärbten Tropfen verdichtet. Ammoniak färbt diese Tropfen gelb. Setzt man feuchtem, auf Silberblech ausgebreitetem Eisen- oder Kupfervitriol eine lösliche Chorverbindung zu, so färbt sich das Silber nach einiger Zeit schwarz. Unlösliche Chloride müssen zuvor am Platindraht mit Soda zusammengeschmolzen werden.

Chrom. Das Verhalten der Chromverbindungen zu Flussmitteln siehe § 40. — Verhalten zu Soda § 59. — Verhalten zu unterschwefligsaurem Natron § 62. — Verhalten zu saurem schwefelsauren Kali § 66. — Verhalten zu Zink in Gegenwart von Salzsäure § 63. — Bunsen'sche Flammenreactionen § 100. — Uebersicht der wichtigsten Löthrohrreactionen No. 21 der Tabelle am Schlusse des Buches.

128. Das Verhalten zu den Glasflüssen ist im Allgemeinen sehr charakteristisch, doch werden die Farben bei Anwesenheit grösserer Mengen Eisen, Kupfer oder sonstiger stark färbender Substanzen oft undeutlich.

In solchem Falle kann Chrom, wenn nicht mit Kieselsäure verbunden, folgendermassen erkannt werden.

Die fein gepulverte Probe [No. 67] wird mit der doppelten Quantität eines Gemisches von gleichen Theilen Soda und Salpeter gemengt und im Platinlöffel oder in der Platinspirale einer kräftigen Oxydationsflamme ausgesetzt. Es bildet sich ein alkalisches Chromsäuresalz, das in Wasser gelöst und mit überschüssiger Essigsäure gekocht wird. Ein in diese Lösung gebrachter Krystall von essigsaurem Bleioxyd bewirkt einen gelben Niederschlag von chromsaurem Bleioxyd, der auf einem Filter gesammelt und mit Borax und Phosphorsalz weiter untersucht werden kann. Salpetersaures Silberoxyd bringt an Stelle des essigsauren Bleioxyds eine dunkelpurpurrothe Fällung hervor.

129. Silicate, welche wenig Chrom neben Eisen oder anderen stark färbenden Metalloxyden enthalten, werden auf Kohle mit 1 Thl. Soda und ½ Thl. Borax im Oxydationsfeuer zu einem klaren Glase geschmolzen, welches pulverisirt und im Porcellanschälchen nach Zusatz von Salzsäure eingedampft wird. Man löst dann die gebildete Chlorverbindung in Wasser, trennt sie durch Filtration von der Kieselsäure, verwandelt das mit in Lösung gegangene Eisenchlorür durch Kochen mit einigen Tropfen Salpetersäure in Chlorid und fällt die Basen Chromoxyd etc. etc. mit Ammoniak aus. Der Niederschlag wird auf einem Filter gesammelt, gewaschen und, wie oben angegeben, mit Soda und Salpeter weiter geprüft.

130. Cyan. Man schmilzt die Substanz mit entwässertem unterschwefeligsauren Natron am Platindraht flüchtig zusammen und taucht die Schmelze in einen Tropfen Eisenchloridlösung, welche durch das gebildete Schwefelcyan blutroth gefärbt wird. — Das Zusammenschmelzen der Substanz mit dem Reagens muss vorsichtig geschehen und sofort unterbrochen werden, wenn der Schwefel anfängt zu brennen, damit das Schwefelcyan nicht zerstört wird (Froehde).

Eisen. Das Verhalten der Eisenverbindungen auf Kohle siehe § 24. — Verhalten zu Flussmitteln § 40. — Verhalten zu unterchwefligsaurem Natron § 62. — Bunsen'sche Flammenreactionen § 85. — Uebersicht der wichtigsten Löthrohrreactionen No. 23 der Tabelle am Schlusse des Buches.

131. Um zu erfahren, ob eine Substanz Eisenoxydul oder Eisenoxyd enthält, löst man sie in einer kupferhaltigen Boraxperle. Bei Eisenoxyd ist die Farbe der Perle blaugrün, bei Eisenoxydul findet eine Ausscheidung rother Flecken von Kupferoxydul statt (Chapman).

Um Eisen neben leicht schmelzbaren Metallen, wie Blei, Wismuth, Antimon, Zinn oder Zink nachzuweisen, versetzt man die Substanz mit Borax und erhitzt das Gemisch auf Kohle reducirend. Die leicht reducirbaren Metalle werden nicht oxydirt und daher vom Glase nicht aufgenommen. Man trennt die Perle vom Metallkorn und bringt sie auf einem anderen Stück Kohle ins Reductionsfeuer, um die charakteristische bouteillengrüne (mit Zinn vitriolgrüne) Farbe zu erhalten.

132. Ist Kobalt zugegen, so ist die Perle nicht grün, sondern blau gefärbt. In solchem Falle prüft man auf Eisen in der Weise, dass man das blaue Glas auf Platindraht so lange mit der Oxydationsflamme behandelt, bis angenommen werden kann, dass alles Eisen in Oxyd verwandelt ist. Die Perle wird bei sehr geringem Eisengehalt heiss grün, kalt blau erscheinen; bei grösserem Gehalt heiss dunkelgrün, kalt rein grün, letzteres aus einer Mischung der gelben Eisen- und blauen Kobaltfarbe hervorgehend.

Die auf der Kohle nach der Behandlung mit Borax zurückbleibenden Metalle (oft nur Nickel und Kupfer) werden nach § 149 weiter untersucht.

133. Eine Beimischung von Mangan [No. 65] färbt die Boraxperle in der Oxydationflamme roth bis blutroth. Durch Reduction mit Zinn auf Kohle wird diese Perle vitriolgrün. Ist ausser Mangan auch Kobalt vorhanden, so erhält man mit der äusseren Flamme eine dunkelviolette Boraxperle, die durch Einwirkung der Reductionsflamme heiss grün, kalt blau wird.

134. Um eine nickelhaltige Probe auf Eisen zu prüfen, löst man sie in Borax (Oxydationsflamme) und bringt das Glas auf Kohle ins Reductionsfeuer. Metallisches Nickel scheidet sich aus und das in Lösung bleibende Eisen färbt die Perle grün.

135. Eine Substanz, die Kupfer und Eisen enthält, gibt in der äusseren Flamme vor und nach dem Erkalten eine grüne Boraxperle, welche, auf Kohle reducirend erhitzt, metallisches Kupfer ausscheidet und grün (vom Eisen) wird. Ist der Kupfergehalt sehr gering, so schmilzt man die Probe mit Borax, Soda und Probirblei zusammen, versetzt das gebildete Metallkorn mit Borsäure, glüht in der Oxydationsflamme und untersucht mit Hilfe von Phosphorsalz und Zinn auf Kupfer.

136. Ist Eisen neben Chrom vorhanden, so erlaubt die Farbe der Flussmittel keinen Schluss auf die Anwesenheit von Eisen. Man prüft dann durch Zusammenschmelzen der Probe mit Soda auf Kohle (Reductionsflamme), Ausschlämmen des Eisens aus der Schlacke und Untersuchung der letzteren mit Salpeter, behufs Nachweisung von Chrom.

137. Eisen- und Uranoxyd sind auf trockenem Wege nicht von einander zu unterscheiden. Um sie zu trennen, schmilzt man die Substanz mit saurem schwefelssauren Kali, zieht mit Wasser aus, versetzt die Lösung mit kohlensaurem

Ammoniak, um Eisenoxydhydrat niederzuschlagen, filtrirt und bringt das Filtrat zum Kochen, wodurch gelbes Uranoxyd gefällt wird. Beide Producte sind dann weiter zu prüfen.

138. Kommen Eisen, Nickel, Kobalt, Mangan und Kupfer zusammen vor, so schmilzt man die Substanz mit metallischem Arsen oder arsensaurem Kali zusammen und behandelt die Masse mit Borax im Oxydationsfeuer, derart, dass nach und nach immer von Neuem Borax zugefügt wird. Man erhält dann

zuerst	eine	gelbgrüne	Färbung	von	Eisen,
darauf	„	blaue	„	„	Kobalt,
„	„	braune	„	„	Nickel,
„	„	grüne	„	„	Kupfer.

Durch die Reductionsflamme lässt sich Nickel und Kupfer aus dem Boraxglase abscheiden, während Eisen, Kobalt und Mangan gelöst bleiben und auf die in § 133 angegebenen Reactionen weiter untersucht werden können.

139. Fluor. Werden Fluorverbindungen mit der vierfachen Menge sauren schwefelsauren Kalis in einer an einem Ende zugeschmolzenen Glasröhre erhitzt und zwar von oben nach unten, um ein Aufstossen zu vermeiden, so bildet sich Fluorwasserstoffsäure, welche feuchtes Fernambukpapier strohgelb färbt und das Glas an den Stellen ätzt, wo das Gemisch sich befunden hat. Man bemerkt dieses am besten nach sorgfältigem Reinigen und Trocknen der Röhre. Bei Mineralien, in welchen Fluorwasserstoffsäure mit schwächeren Basen und zugleich mit Wasser verbunden ist, genügt einfaches Erhitzen im Glaskölbchen, um die angeführten Erscheinungen hervorzurufen.

140. Um Fluor, selbst in geringen Mengen in Mineralien etc. zu entdecken, bedient man sich des folgenden Verfahrens. Man schiebt ein zusammengebogenes Platinblech in das eine Ende einer offenen Glasröhre, legt die Probe, gemengt mit calcinirtem Phosphorsalz (beide Substanzen in fein gepulvertem Zustande) in die Platinrinne, und richtet die Löthrohrflamme so auf das Gemisch, dass die Verbrennungsproducte durch die Röhre gehen. War in der untersuchten Substanz Fluor enthalten, so ist Fluorwasserstoffgas gebildet worden, das an dem eigenthümlich stechenden Geruch kenntlich ist, die Glasröhre ätzt und befeuchtetes Fernambukpapier gelb färbt [No. 29].

Gold. Das Verhalten der Goldverbindungen auf Kohle siehe § 24. — Verhalten zu unterschwefligsaurem Natron § 62. — Bunsen'sche Flammenreactionen § 93. — Uebersicht der wichtigsten Löthrohrreactionen No. 24 der Tabelle am Schlusse des Buches.

141. Eine Legirung von Gold mit flüchtigen Metallen wie Quecksilber, Antimon, Tellur braucht nur auf Kohle mit der Oxydationsflamme erhitzt zu werden, um ein an seinen äusseren Eigenschaften kenntliches Goldkorn zu geben. Blei wird nach dem in § 165 beschriebenen Verfahren durch Abtreiben entfernt.

Ein Gehalt an unschmelzbaren Metallen, z. B. Platin, Iridium, gibt nach der Cuppellation ein weit weniger schmelzbares Metallkorn als reines Gold. Derartige Beimischungen können nur auf nassem Wege erkannt werden.

142. Neben Kupfer, dessen Gegenwart durch Phosphorsalz leicht festzustellen ist, wird Gold in der Weise nachgewiesen, dass man die Legirung, z. B. eine Goldmünze, in geschmolzenem Probirblei löst und die Masse dann auf Knochenasche abtreibt. Hierdurch wird Kupfer beseitigt. Enthielt die Legirung auch Silber, so behandelt man das zurückbleibende Metallkorn mit Phosphorsalz auf Kohle (Oxydationsflamme). Das Silber wird allmälig oxydirt und vom Glase aufgenommen; letzteres bekommt dadurch beim Erkalten ein opalartiges Ansehen. Um die relativen Gewichtsmengen der beiden Metalle annähernd zu bestimmen, bringt man die Metallkugel in ein Salpetersäure enthaltendes Porcellanschälchen und erwärmt. Enthält die Legirung bis zu 25 Procent Gold, so wird sie schwarz; das Silber löst sich nach und nach auf und das Gold bleibt als schwarze oder braune schwammige Masse zurück. Ist in der Legirung mehr als 25 Procent Gold enthalten, so wird das Metallkügelchen zwar ebenfalls schwarz, Silber aber nicht aufgelöst. Bei ungefähr gleichen Proportionen beider Metalle findet gar keine Veränderung Statt. Ueberwiegt der Goldgehalt erheblich, so gibt sich dieses schon durch die gelbe Farbe der Legirung kund.

143. Jod. Das Verhalten des Jods zu saurem schwefelsauren Kali, siehe § 64, ist sehr charakteristisch.

Einer kupferoxydhaltigen Phosphorsalzperle zugesetzt, färben Jodverbindungen die äussere Flamme rein grün [No. 32].

Die Jodverbindungen des Silbers und der Alkalien lassen sich in Gegenwart von anderen Halogenen an dem schönen rothen Beschlag erkennen, den sie auf Kohle hervorbringen, wenn man sie mit Schwefelwismuth, das durch Schmelzen von Wismuth mit Schwefelblumen erhalten wird, in der Löthrohrflamme erhitzt (Goldschmidt).

144. Kalium. An der Flammenfärbung ist Kalium am besten zu entdecken (vergl. § 49). Eine andere Reaction besteht darin, dass eine im Oxydationsfeuer dargestellte braune nickeloxydulhaltige Boraxperle durch Kalisalze violett gefärbt wird. Beimischungen von Natron oder Lithion stören nicht, dagegen darf Kali weder in sehr geringer Menge enthalten noch das Nickeloxydul durch Kobalt verunreinigt sein.

145. Kieselsäure. Die Reactionen der Kieselsäure siehe No. 15 der Tabelle am Schluss des Buches.

Bringt man Silicate in eine Phosphorsalzperle, so zersetzen sie sich in der Weise, dass die Basen sich mit der freien Phosphorsäure zu einem durchsichtigen Glase vereinigen, in welchem die Kieselsäure als schwammige Masse (Kieselskelett) schwimmt. Die Perle ist sorgfältig zu beobachten so lange sie noch heiss ist, weil viele Silicate ein Glas bilden, das unter der Abkühlung opalisirt oder trübe wird. Das Kieselskelett besteht aus Aggregaten von Kryställchen, welche sich durch ihre Kleinheit der mikroskopischen Bestimmung entziehen. Nach in grösserem Massstabe angestellten Versuchen besitzen sie die Krystallform des Tridymits [No. 57].

Kobalt. Das Verhalten der Kobaltverbindungen zu Flussmitteln siehe § 40. — Verhalten zu unterschwefligsaurem Natron § 62. — Bunsen'sche Flammenreaction § 87. — Uebersicht der wichtigsten Löthrohrreactionen No. 27 der Tabelle am Schlusse des Buches.

146. Bei Untersuchungen von Metallverbindungen auf Kobalt empfiehlt es sich, die Substanz fein zerrieben auf Kohle zu bringen und zunächst Arsen und Schwefel durch Rösten zu entfernen. Hierbei beschlagen Blei und Wismuth, wenn vorhanden, die Kohle. Der Rückstand wird mit Borax versetzt und im Oxydationsfeuer erhitzt. Bildet sich ein Glas, das nicht rein blau ist, so deutet dies auf einen Eisengehalt (siehe § 132). In dem Fall entfernt man das Glas vom Korn und fügt so lange neue Quantitäten Borax hinzu, bis eine rein blaue Farbe zum Vorschein kommt. Nickel und Kupfer werden vom Flussmittel erst aufgenommen, wenn die vorhandene Menge Kobalt oxydirt ist. Will man die Untersuchung auf jene Metalle ausdehnen, so trennt man das blaue Glas abermals vom Korn und schmilzt es von Neuem mit Borax (Oxydationsflamme) zusammen, bis die Perle braun von Nickeloxydul wird. Nachdem auch dieses Glas wieder entfernt ist, fügt man Phosphorsalz hinzu und erhitzt oxydirend, um bei Anwesenheit von Kupfer eine grüne Perle zu erhalten, welche beim Erkalten diese Farbe behält und bei der Reduction mit Zinn auf Kohle roth und trübe wird.

147. Man kann das obige Verfahren zur besseren Abscheidung von Nickel und Kupfer insofern ändern, dass man die mit Borax versetzte Substanz mit Probirblei in der Reductionsflamme behandelt. Nickel und Kupfer werden vom Bleikorn aufgenommen, und während das Glas am Platindraht auf Kobalt geprüft werden kann, behandelt man das Metallkorn mit Phosphorsalz (Oxydationsflamme) und bekommt, wenn Nickel und Kupfer anwesend sind, eine grüne (kalt) Perle. Nickel allein bringt eine gelbe, Kupfer allein eine blaue Perle hervor, welch' letztere, auf Kohle mit Zinn reducirt, roth und trübe wird.

Kupfer. Das Verhalten der Kupferverbindungen auf Kohle siehe § 24. — Verhalten zu Flussmitteln § 40. — Flammenfärbung § 55. — Verhalten zu unterschwefligsaurem Natron § 62. — Bunsen'sche Flammenreactionen § 95. — Uebersicht der wichtigsten Löthrohrreactionen No. 28 der Tabelle am Schlusse des Buches.

148. Kupfer ist leicht erkennbar an den braunen Borax- und rothen Phosphorsalzgläsern, in welche die in der Oxydationsflamme geblasenen Perlen sich beim reducirenden Erhitzen mit Zinn auf Kohle verwandeln. Durch wiederholtes Oxydiren und Reduciren der Boraxperle wird das Glas rubinroth, besonders wenn man die reducirte Perle einer langsamen Oxydation überlässt.

149. Um einen geringen Kupfergehalt in Metallverbindungen aufzufinden, glüht man die Probe [No. 24, 82 oder 81] zur Austreibung flüchtiger Bestandtheile auf Kohle im Oxydationsfeuer, setzt dann Borsäure, welche zuvor zu einer Perle geschmolzen wurde, hinzu und bedeckt das Ganze mit einer recht grossen Reductionsflamme. Sobald das Korn eine metallglänzende Oberfläche annimmt, verändert man die Flamme in eine spitze Oxydationsflamme, welche nur das Glas berührt, ohne das Metall zu streifen. Durch diesen Process werden Blei, Eisen, Kobalt, theilweise Nickel und ferner die beim Rösten nicht gänzlich abgetriebenen flüchtigen Elemente, wie Wismuth, Antimon, Zink in Oxyde verwandelt und entweder verflüchtigt oder von der Borsäure aufgenommen. Das zurückbleibende Körnchen wird darauf von der Borsäure getrennt, auf Kohle mit Hilfe der Oxydationsflamme in Phosphorsalz gelöst und mit Zinn in der Reductionsflamme behandelt.

150. Um Kupfer in Verbindungen zu erkennen, welche viel Nickel, Kobalt, Eisen und Arsen enthalten, behandelt man zunächst die Probe mit Borax auf Kohle in der Reductionsflamme, um den grössten Theil des Eisens und Kobalts zu lösen. Man versetzt dann das zurückbleibende Metallkorn mit etwas Probirblei und unterwirft es der in § 149 beschriebenen Behandlung mit Borsäure. Arsen wird verflüchtigt und der Rest von Eisen, Kobalt sowie ein Theil des Nickelgehalts von der Borsäure aufgenommen. Man trennt dann das Korn vom Glase, löst es in Phosphorsalz (Oxydationsflamme) und erkennt Kupfer an dem heiss dunkelgrünen, kalt hellgrünen Glase; letzteres eine Mischfarbe der gelben Nickel- und blauen Kupferperle [No. 78].

Um Kupfer neben Zinn nachzuweisen siehe § 178.

151. Ist Kupfer an Schwefel gebunden, so röstet man die Probe auf Kohle und untersucht mit Phosphorsalz. Erhält man in Folge eines hinderlichen Antimon- oder Wismuthgehalts eine graue oder schwarze Perle, so bleibt nichts übrig, als die Probe nach dem Rösten mit Soda, Borax und Probirblei auf Kohle (Reductionsflamme) zu schmelzen, das sich ausscheidende Metallkorn zur Vertreibung von Antimon tüchtig zu glühen und dann Borsäure nach § 149 anzuwenden [No. 72].

152. Kupferhaltige Mineralien färben die nicht leuchtende Farbe grün oder, wenn das Metall an Chlor gebunden ist, azurblau. Tritt die Reaction nicht von selbst ein, so kann man sie häufig dadurch hervorrufen, dass man die gepulverte Probe mit einem Tropfen concentrirter Salzsäure befeuchtet, zur Trockniss verdampft und das Pulver mit Wasser zum Teige mengt, der dann im Platinöhr in die Flamme gebracht wird [No. 69]. Dies Verfahren empfiehlt sich auch für die Untersuchung von Schlacken, deren Kupfergehalt in Folge des Vorwiegens von Silicaten der Erden und schwer reducirbaren Metalloxyden durch die Flussmittel nicht erkennbar ist.

Lithium. Die Reaction des Lithiums und seiner Verbindungen siehe § 51 (Flammenfärbung) und No. 3 der Tabelle am Schluss des Buches.

153. Silicate, welche nur geringe Mengen Lithium enthalten, werden mit einem Gemisch von 1 Thl. Flussspath und 2 Theilen reinem Gyps, unter Zufügung einiger Tropfen Wasser, zu einem Teig geformt, ins Platinöhr gestrichen und auf Flammenfärbung untersucht [No. 63]. Enthält das Silicat gleichzeitig Borsäure, wie dies beim Turmalin der Fall ist, so erhält man erst eine grüne und dann eine rothe Flamme.

Ein Gehalt an Phosphorsäure, welcher z. B. in Triphylin vorkommt, bringt neben der rothen Färbung gleichzeitig eine grüne hervor, namentlich nach Befeuchten mit Schwefelsäure.

Um Lithium neben Natrium zu erkennen, kann man auch die mit Salzsäure befeuchtete Probe in geschmolzenes Wachs (Talg etc.) tauchen und in die nicht leuchtende Flamme halten, man bekommt dann augenblicklich eine carminrothe Flamme.

Mangan. Das Verhalten der Manganverbindungen zu den Flussmitteln siehe § 40. — Verhalten zu Soda § 59. — Verhalten zu unterschwefligsaurem Natron § 62. — Bunsen'sche

Flammenreactionen § 102. Uebersicht der wichtigsten Löthrohrreactionen No. 30 der Tabelle am Schluss des Buches.

154. Bringt man eine in der Oxydationsflamme geblasene manganhaltige Perle, so lange sie noch heiss ist, mit einem Krystall von Salpeter oder chlorsaurem Kali zusammen oder stösst ein solches Glas ab in ein Porcellanschälchen, dessen Boden mit dem Pulver dieser Reagentien bedeckt ist, so erhält man eine violette, schaumartige, aus übermangansaurem Kali bestehende Masse.

155. Um die geringste Menge Mangan in irgend welcher Verbindung nachzuweisen, schmilzt man die Probe [No. 62 oder 80] mit 2 bis 3 Theilen Soda, besser noch mit einem Gemisch von 2 Thl. Soda und 1 Thl. Salpeter, auf Platindraht oder Platinblech in der Oxydationsflamme zusammen. Es bildet sich mangansaures Kali, das heiss grün und klar, kalt bläulichgrün und trübe ist.

Um Mangan im Metallverbindungen oder Hüttenproducten aufzufinden, löst man die Probe in Salpetersäure, verdampft die Lösung zur Trockniss und behandelt den geglühten Rückstand mit Soda wie oben angegeben.

Bei gleichzeitiger Anwesenheit von Kieselsäure und Kobalt verhindert die Bildung einer blauen Masse die Erkennung der grünen Schmelze. In diesem äusserst seltenen Falle muss die Substanz auf nassem Wege von der Kieselsäure befreit werden. Ein Chromgehalt ändert die Farbe der Schmelze in Gelblichgrün.

Molybdän. Das Verhalten der Molybdänverbindungen auf Kohle siehe § 38. — Verhalten zu Flussmitteln § 40. — Flammenfärbung § 47. — Verhalten zu unterschwefligsaurem Natron § 62. — Verhalten zu Zink in Gegenwart von Salzsäure § 63. — Bunsen'sche Flammenreactionen § 97. — Uebersicht der wichtigsten Löthrohrreactionen No. 31 der Tabelle am Schluss des Buches.

156. Geringe Mengen Molybdänsäure lassen sich auf folgende Weise schnell entdecken: Man tupft etwas concentrirte Schwefelsäure auf ein muldenförmig gebogenes Platinblech, bringt eine kleine Menge der zerriebenen Substanz in die Schwefelsäure, erhitzt bis zu lebhaftem Dampfen, lässt erkalten und haucht wiederholt auf das Platinblech. Waren nach dem Erkalten nur einzelne blaue Stellen bemerkbar, so tritt nach dem Anhauchen eine intensive Blaufärbung der Schwefelsäure ein. Die Reaction gelingt noch besser, wenn man statt des Anhauchens etwas Alkohol zufügt; es entsteht dann entweder sofort oder nach dem Abbrennen des Alkohols die charakteristische blaue Farbe (von Kobell).

Nickel. Das Verhalten der Nickelverbindungen zu Flussmitteln siehe § 40. — Verhalten zu unterschwefligsaurem Natron § 62. — Bunsen'sche Flammenreactionen § 86. — Uebersicht der wichtigsten Löthrohrreactionen No. 32 der Tabelle am Schluss des Buches.

157. Hat man eine schmelzbare Metallverbindung, die auf Nickel geprüft werden soll, so behandelt man sie auf Kohle mit Borax in der Reductionsflamme, wobei Eisen, Kobalt etc. vom Glase aufgenommen werden (Ausmittelung nach § 146), während die Metalle, deren Oxyde sich leicht reduciren, zurückbleiben. Diese Operation wird so lange wiederholt, bis das Glas ungefärbt bleibt. Wird dann das übriggebliebene Körnchen mit Phosphorsalz in der Oxydationsflamme geschmolzen, so kommt entweder eine rein gelbe von Nickel, oder eine gelbgrüne von Nickel und Kupfer herrührende Farbe zum Vorschein. Im letzteren Falle reducirt man das Glas auf Kohle mit Zinn, um Kupfer zu constatiren. Antimon und Wismuth, welche diese Reaction durch Schwarzfärben der Perle verhindern, müssen durch Rösten der Substanz vor Zusatz von Flussmitteln ausgetrieben werden [No. 78].

In Arsen- und Schwefelverbindungen wird Nickel auf die bei Kobalt angegebene Weise ermittelt (vergl. § 147).

158. Um geringe Mengen Nickel neben Kobalt nachzuweisen, verfährt man folgendermassen: Man löst eine nicht zu kleine Menge der Substanz in Borax am Platindraht, stösst die dunkelgefärbte Perle ab und behandelt sie mit einem kleinen Goldkörnchen reducirend auf Kohle. Nach dem Erkalten trennt man durch einen Schlag mit dem Hammer das Goldkorn von der Schlacke und schmilzt es mit Phosphorsalz in der Oxydationsflamme zusammen. Das Glas wird von dem leichter löslichen Kobaltoxydul im Anfang blau und muss so lange mit neuen Quantitäten Phosphorsalz versetzt werden, bis die Farbe zunächst in Grün, dann in Gelb übergeht. Das Gold wird durch Abtreiben mit Blei auf Knochenasche und Schmelzen mit Borsäure auf Kohle gereinigt.

Phosphorsäure. Die Flammenfärbung, welche Phosphorsäure hervorbringt siehe § 45. — Bunsen'sche Flammenreactionen § 105.

159. Man bringt die zerriebene Substanz in ein ausgezogenes, unten zugeschmolzenes Glasröhrchen, setzt ein 5 mm langes Stückchen Magnesiumdraht (oder ein Stückchen Natrium) hinzu, das von der Probe ganz umgeben sein muss, und erhitzt. Unter Feuererscheinung bildet sich Phosphormagnesium (Phosphornatrium). Zerdrückt man die Röhre und befeuchtet den Inhalt mit Wasser, so tritt der charakteristische Geruch des Phosphorwasserstoffes hervor.

Enthält die Probe weder Schwefel, Arsen noch ein durch Eisen reducirbares Metall, so kann man die phosphorsauren Salze auch daran erkennen, dass sie am Platindraht beim Zusammenschmelzen mit Borsäure und einem kleinen Stück Eisendraht eine glänzende Kugel von Phosphoreisen geben, die durch einen leichten Hammerschlag vom Glase getrennt werden kann und die Eigenschaft besitzt, dem Magnet zufolgen [No. 64].

Quecksilber. Das Verhalten der Quecksilberverbindungen in der an einem Ende zugeschmolzenen Glasröhre siehe § 11 und 12. — Verhalten in der offenen Röhre § 17. — Verhalten zu unterschwefligsaurem Natron § 62. — Bunsensche Flammenreaction § 79. — Vergl. auch No. 37 der Tabelle am Schluss des Buches.

160. Amalgame geben beim Erhitzen in der an einem Ende zugeschmolzenen Röhre ein Sublimat von metallischem Quecksilber in Gestalt kleiner, am besten unter der Loupe sichtbarer Kugeln [No. 44].

In Verbindung mit Schwefel [No. 77], Chlor [No. 42], Jod oder Sauerstoffsäuren wird die Probe mit trockener Soda versetzt. Die Säuren oder Salzbilder werden von der Soda zurückgehalten, während Quecksilber sublimirt.

Ist die Menge Quecksilber so gering, dass das Sublimat nicht deutlich zu sehen ist, so wiederholt man den Versuch, indem man das mit Blattgold umwickelte Ende eines Eisendrahts in die Röhre bis nahe an die Probe schiebt. Die geringste Menge Quecksilber reicht hin, das Gold weiss zu färben.

161. Salpetersäure. Beim Erhitzen der völlig trockenen Substanz [No. 36] im Glaskölbchen mit saurem schwefelsauren Kali entstehen rothbraune Dämpfe von salpetriger Säure. Schiebt man in den, zu diesem Zwecke ziemlich langen Hals des Kölbchens einen mit einer Lösung von Eisenvitriol getränkten Papierstreifen, so färbt sich dieser bei Anwesenheit von Salpetersäure gelb bis braun.

Da Chlor eine ähnliche Reaction bewirkt, so ist, wenn Chlorverbindungen zugegen sind, statt des sauren schwefelsauren Kalis, Bleiglätte, die frei von Bleisuperoxyd sein muss, anzuwenden. Dieselbe absorbirt Anfangs die Salpetersäure, gibt sie aber bei höherer Temperatur wieder ab.

Schwefel. Das Verhalten des in Sulfiden enthaltenen Schwefels in der an einem Ende zugeschmolzenen Röhre siehe § 11. — Verhalten in der offenen Röhre § 14. — Verhalten auf Kohle § 21. — Bei Untersuchungen auf Schwefel darf die Substanz wegen des häufig grossen Schwefelgehaltes des Steinkohlengases nie mit einer Gasflamme behandelt werden.

162. Eine ebenso empfindliche wie leicht ausführbare Reaction auf Schwefel in irgendwelcher Verbindung besteht darin, die zerriebene Probe [No. 28] mit reiner Soda oder besser noch, um das Einziehen in die Kohle zu vermeiden, mit einem Gemisch von 2 Thl. Soda und 1 Thl. Borax auf Kohle reducirend zu schmelzen. Die geschmolzene Masse wird von der Kohle genommen, gepulvert und dann auf Silberblech oder eine blanke Silbermünze gebracht und mit einem Tropfen Wasser befeuchtet. Enthält der untersuchte Körper Schwefel, so bildet sich ein schwarzer Fleck von Schwefelsilber. Da Selen und Tellur sich ebenso verhalten, muss man sich von deren Abwesenheit überzeugen.

Schmilzt man eine schwefelhaltige Substanz mit Soda reducirend zusammen, befeuchtet auf einem Uhrglas die Schmelze mit Wasser und setzt Nitroprussidnatrium hinzu, so färbt sich die Flüssigkeit prachtvoll purpurroth.

Eine verdünnte Lösung von molybdänsaurem Ammoniak, mit Salzsäure im Ueberschuss versetzt, wird durch Schwefelwasserstoff oder lösliche Sulfide schön blau.

Salzsäure oder Schwefelsäure entwickeln aus Schwefelmetallen Schwefelwasserstoff, welcher am Geruch und an der Schwärzung eines mit Bleizuckerlösung getränkten Papierstreifens zu erkennen ist.

163. Um zu entscheiden, ob eine beobachtete Schwefelreaction von einem Sulfid oder von einer schwefelsauren Verbindung herrührt, erhitzt man die Substanz in der Oxydationsflamme, wobei nur Schwefelmetalle die stechend riechende schweflige Säure entwickeln. Eine andere Methode ist folgende: Man schmilzt die fein zerriebene Substanz [No. 75] im Platinlöffel mit Aetzkali zusammen und stellt den Löffel mit dem Inhalt in ein Gefäss mit Wasser, in welchem sich auch ein Stück Silberblech befindet. Bleibt das Silber vollkommen blank, so war eine schwefelsaure Verbindung zugegen, färbt es sich schwarz, ein Schwefelmetall. Substanzen, welche reducirend wirken können, dürfen selbstverständlich nicht vorhanden sein.

164. Selen. Das Verhalten der Selenverbindungen in der an einem Ende zugeschmolzenen Röhre siehe § 11. — Verhalten in der offenen Röhre § 19. — Verhalten auf Kohle § 36. — Verhalten zu Soda § 60. — Bunsen'sche Flammenreactionen § 75.

In nichtflüchtigen Verbindungen, welche das in § 11 erwähnte rothe Sublimat nicht geben, entdeckt man dieses Element leicht an dem Geruch nach faulem Rettig, welchen die Substanz [No. 83] beim oxydirenden Erhitzen auf Kohle entwickelt; bei grossem Selengehalt bildet sich hierbei auch ein Beschlag (vergl § 36). Selensaure oder selenigsaure Salze werden auf Kohle mit Soda reducirt, wobei dann gleichfalls der eigenthümliche Geruch bemerkbar wird.

Silber. Das Verhalten der Silberverbindungen auf Kohle siehe § 29. Verhalten zu unterschwefligsaurem Natron § 62. Bunsen'sche Flammenreactionen § 94. — Uebersicht der wichtigsten Löthrohrreactionen No. 40 der Tabelle am Schluss des Buches.

165. Silber in Verbindung mit flüchtigen Metallen (Wismuth, Blei, Zinn, Antimon) glüht man stark auf Kohle, wo nach Verdampfung dieser Metalle ein Silberkorn, umgeben von einem röthlichen Beschlag, zurückbleibt. Ein grosser Blei- oder Wismuthgehalt wird am besten durch Cupellation entfernt. Diese Operation wird auf folgende Weise ausgeführt: Fein gepulverte Knochenkohle, mit einer geringen Menge Soda versetzt, wird mit Wasser zu einem steifen Teig gemengt, und dieser in ein in die Kohle gebohrtes Loch gebracht. Man glättet die Füllung, gibt ihr durch Druck mit dem Stössel des Achatmörsers eine concave Oberfläche und trocknet die Masse durch gelindes Erhitzen. Auf diese kleine Capelle legt man dann die Substanz und glüht sie so lange, bis alles Blei und Wismuth oxydirt oder von der Capelle absorbirt ist. Das Silber oder, wenn auch Gold vorhanden, die Legirung bleibt als glänzendes Metallkorn zurück [No. 48].

166. In Legirungen mit Kupfer, Nickel und anderen oxydirbaren, nicht flüchtigen Metallen ermittelt man Silber durch Behandlung mit Borax oder Phosphorsalz in der Oxydationsflamme. Silber bleibt zurück, während die übrigen, in Oxyde übergeführten Metalle vom Flussmittel aufgenommen werden. Ist indess der Silbergehalt den übrigen Metallen gegenüber ein sehr kleiner, so ist folgendes für alle Silber- oder Silber- und Goldproben empfehlenswerthe Verfahren von grösserer Zuverlässigkeit.

167. Die Substanz [No. 82] wird pulverisirt und mit zerstossenem Boraxglase und Probirblei auf Kohle in ein cylindrisches Grübchen gebracht. Auf 1 Th. Probe nimmt man etwa 1 Th. Boraxglas und 5—10 Th. Probirblei, je nach geringerem oder grösserem Gehalt an nichtflüchtigen Metallen. Auf dies Gemenge lässt man eine kräftige Reductionsflamme wirken, bis die Metalle sich zu einem Korn vereinigt haben und die Schlacke keine Metallkügelchen mehr enthält. Dann wird die Flamme in eine oxydirende verwandelt und hauptsächlich auf das Korn gerichtet. Schwefel, Arsen, Antimon und andere flüchtige Metalle werden verdampft, während Eisen, Zinn und Kobalt, sowie etwas Kupfer und Nickel absorbirt und vom Flussmittel aufgenommen werden. Silber, Gold und der grössere Theil des Kupfers und Nickels bleiben mit dem Blei und dem etwa vorhandenen

Wismuth zurück. Sobald die flüchtigen Bestandtheile gänzlich entfernt sind, beginnt das Blei sich zu oxydiren und eine rotirende Bewegung anzunehmen. Man unterbricht bei diesem Stadium das Blasen, lässt die Probe vollständig erkalten und trennt das Bleikorn vom Glase durch einen leichten Schlag mit dem Hammer. Man legt darauf das Korn auf eine Capelle von Knochenkohle und setzt es so lange der Oxydationsflamme aus, bis von Neuem eine Rotation eintritt. Bei grossem Kupfer- oder Nickelgehalt überzieht sich das Korn mit einer dicken, unschmelzbaren Kruste, welche, da sie die gewünschte Oxydation verhindert, einen neuen geringen Zusatz von Probirblei erfordert. Man setzt dann das Erhitzen so lange fort, bis alles Blei, Kupfer, Nickel u. s. w. oxydirt ist. Dies erkennt man bei geringem Silbergehalt an dem Aufhören der rotirenden Bewegung, bei grösserem an den Regenbogenfarben, mit welchen sich das Metallkügelchen überzieht. Nach einigen Minuten bekommt das Korn das Ansehen von reinem Silber. Die Oxyde von Blei, Kupfer u. s. w. werden von der Knochenkohle absorbirt und reines Silber oder eine Legirung des Silbers mit anderen edlen Metallen bleibt zurück. Auf Gold prüft man nach § 142.

Chlorsilber lässt sich auf Kohle mit Soda reduciren.

Tellur. Das Verhalten der Tellurverbindungen in der an einem Ende zugeschmolzenen Röhre siehe § 11. — Verhalten in der offenen Röhre § 18. — Verhalten auf Kohle § 37. — Bunsen'sche Flammenreactionen § 74. — Vergleiche auch No. 42 der Tabelle am Schluss des Buches.

168. Blei und Wismuth, welche auf Kohle die Erkennung des Tellurs erschweren, lassen sich durch verglaste Borsäure (Reductionsflamme), welche diese Metalle aufnimmt, ohne die Beschlagbildung des Tellurs zu verhindern, unschädlich machen. Verschwindet der Beschlag in der Reductionsflamme nicht mit grüner, sondern blaugrüner Farbe, so ist auch Selen vorhanden, welches durch den Geruch leicht erkennbar ist.

Schmilzt man eine zerriebene Tellurverbindung mit Soda und etwas Kohlenpulver in einem Kölbchen zusammen und fügt nach dem Erkalten heisses Wasser hinzu, so erhält man eine purpurrothe Lösung von Tellurnatrium.

Uebergiesst man Tellurverbindungen im Kölbchen mit Schwefelsäure, so löst sich bei sehr gelindem Erwärmen Tellur ohne Oxydation mit intensiv carminrother Farbe. Wasser schlägt aus der Lösung Tellur als schwarzgraues Pulver wieder nieder [No. 84].

Titan. Das Verhalten der Titanverbindungen zu Flussmitteln siehe § 40. — Verhalten zu Soda § 58. — Verhalten zu Zink in Gegenwart von Salzsäure § 63. — Bunsen'sche Flammenreactionen § 99. — Uebersicht der wichtigsten Löthrohrreactionen No. 44 der Tabelle am Schluss des Buches.

169. Bildet Titansäure den Hauptbestandtheil eines Minerals, so ist sie an dem Verhalten zu den Glasflüssen leicht zu erkennen. Ist aber gleichzeitig Eisen vorhanden, so erhält man mit Phosphorsalz im Oxydationsfeuer die Eisenfarbe, im Reductionsfeuer eine blutrothe Perle, die mit Zinn auf Kohle violett wird.

Zusammengesetzte Substanzen, über deren Titangehalt die Behandlung mit Flussmitteln keinen Aufschluss gewährt, prüft man auf folgende Weise: Man schmilzt die Substanz mit der sechs- bis achtfachen Menge sauren schwefelsauren Kalis in einem Platinlöffel, löst die Masse in Wasser, filtrirt und erhitzt, nach Zusatz einiger Tropfen Salpetersäure, zum Sieden. Es entsteht ein weisser Niederschlag von Titansäure der mit Phosphorsalz weiter untersucht werden kann [No. 61].

Schmilzt man Titansäure mit Aetzkali, zieht die Schmelze mit Wasser aus, setzt Salzsäure im Ueberschuss hinzu und dampft nach Hinzufügung eines Stückchen Stanniols ein, so nimmt die Flüssigkeit eine violette Farbe an, welche auf Zusatz von Wasser in eine rosenrothe übergeht.

Recht charakteristisch für Titan sind die Krystalle, welche Titansäure in den Glasflüssen erzeugt. Bringt man nach G. Rose, eine in der inneren Flamme geblasene titanhaltige, violette, durchsichtige Phosphorsalzperle, in die äussere Flamme, nahe der blauen Spitze, so wird sie bei nicht zu grosser Sättigung wieder wasserhell, an der nicht leuchtenden Flammenspitze dagegen bei schwächerer Sättigung opalisirend, bei stärkerer sogleich schneeweis und undurchsichtig. Bringt man die trübe Perle an die blaue Flammenspitze zurück, so wird sie wieder klar und in der inneren Flamme violett. In der heiss flachgedrückten opalisirenden Perle lassen sich bei etwa 140facher Vergrösserung gut ausgebildete, theilweise zu Gruppen vereinigte glänzende und durchsichtige, honiggelbe Krystalle, welche nach Knop dem rhombischen System angehören und aus phosphorsaurer Titansäure bestehen, erkennen.

Mit Borax gibt die Titansäure bei Schmelzen der Perle auf Kohle in der inneren Flamme ein gelblichbraunes und bei starker Sättigung ein hell- bis dunkelblaues Glas. Aus diesem blaugefärbten Glase scheiden sich beim Erkalten, ohne dass es seine Durchsichtigkeit verliert, Krystalle von Rutil aus, welche die Form langer quadratischer Prismen mit abgestumpften Seitenkanten haben, an den Enden auf verschiedene Weise begrenzt und zum Theil zu knieförmigen Zwillingen, zum Theil zu Büscheln verwachsen sind. Mit einer Mischung von Borax und Phosphorsalz werden diese Krystalle besonders regelmässig gebildet erhalten.

Uran. Das Verhalten der Uranverbindungen zu Flussmitteln siehe § 40. — Verhalten zu unterschwefligsaurem Natron § 62. — Bunsen'sche Flammenreactionen § 103. — Uebersicht der Löthrohrreactionen No. 45 der Tabelle am Schluss des Buches.

170. In Verbindungen, welche keine anderen färbenden Bestandtheile enthalten als Uran, lässt sich dies Metall durch das Verhalten in der Phosphorsalzperle sowie durch die übrigen in No. 45 der Tabelle angegebenen Reactionen erkennen. Neben Eisen lässt sich Uran nicht durch die Flussmittel nachweisen; in diesem Fall muss man zur Erkennung der beiden Metalle das in § 137 beschriebene Verfahren in Anwendung bringen.

Neben Kupferoxyd bringt Uran, in gleichem Masse wie Eisen, in der Oxydationsflamme grüne Perlen hervor. Um in solchem Fall Uran nachzuweisen, behandelt man die Substanz mit Soda, Borax und einem Silberkorn auf Kohle in der Reductionsflamme, bis alles Kupfer reducirt und vom Silber aufgenommen ist. Die Schlacke wird in Salpetersäure gelöst, die Lösung mit kohlensaurem Ammoniak versetzt und dann nach § 137 weiter untersucht.

Vanadin. Das Verhalten der Vanadinverbindungen zu Flussmitteln siehe § 40. — Verhalten zu Soda § 58. — Verhalten zu Zink in Gegenwart von Salzsäure § 63. — Bunsensche Flammenreactionen § 101. — Uebersicht der wichtigsten Löthrohrreactionen No. 46 der Tabelle am Schluss des Buches.

171. Schliesst man Vanadinverbindungen mit Soda und Salpeter in der Platinspirale auf, zieht die gelbe Schmelze mit Wasser aus und säuert mit Essigsäure an, so entsteht auf Zusatz von salpetersaurem Silberoxyd ein gelber Niederschlag.

Beim Eindampfen der Schmelze mit Königswasser erhält man eine gelbe oder gelbbraune Lösung, die auf Zusatz von Zinnchlorür blau wird [No. 85].

Wird die beim Aufschliessen erhaltene Lösung angesäuert und mit Wasserstoffsuperoxyd geschüttelt, so färbt sie sich roth und behält auch diese Farbe, wenn Aether zugefügt wird; letzterer bleibt ungefärbt.

Wismuth. Das Verhalten der Wismuthverbindungen in der an einem Ende zugeschmolzenen Röhre siehe § 12. Verhalten in der offenen Röhre § 17. — Verhalten auf Kohle § 26. — Verhalten zu unterschwefligsaurem Natron § 62. — Bunsen'sche Flammenreactionen § 78. — Uebersicht der wichtigsten Löthrohrreactionen No. 47 der Tabelle am Schluss des Buches.

172. In den Metallverbindungen, wie sie natürlich vorkommen oder als Hüttenproducte erhalten werden, lässt sich Wismuth am Beschlage erkennen. An Schwefel gebunden bildet sich um den gelben Beschlag herum noch ein weisser, der aus schwefelsaurem Wismuthoxyd besteht. Letzterer kann jedoch durch Sodazusatz verhindert werden.

Um Wismuth neben anderen beschlaggebenden Metallen, Antimon ausgenommen, zu erkennen, schabt man den Beschlag von der Kohle ab, löst ihn in Phosphorsalz am Platindraht (Oxydationsflamme), stösst die Perle ab und reducirt sie auf Kohle mit Zinn, wobei Wismuth sich durch Grau- oder Schwarzfärben der Perle zu erkennen gibt [No. 46]. Da Antimon sich ebenso verhält, muss die Probe, wenn antimonhaltig, zuvor so lange auf Kohle im Oxydationsfeuer erhitzt werden, bis alles Antimon verdampft ist.

Behandelt man nach Kobell irgend eine Wismuthverbindung auf einem grossen Stück Kohle mit einem Gemisch von gleichen Theilen Jodkalium und Schwefel (schwefelhaltige Substanzen nur mit Jodkalium), so entsteht, entfernt von der Probe, ein sehr charakteristischer, schön rother Beschlag. Bleihaltige Substanzen, in derselben Weise behandelt, geben einen tiefgelben Beschlag; ihre Anwesenheit beeinträchtigt die Wismuthreaction nicht.

173. Cornwall hat diese Methode zur Erkennung von

Wismuth neben Antimon und Blei folgendermassen modificirt: Man versetzt die Substanz mit dem gleichen Volumen Schwefel und behandelt das Gemisch in einem tiefen Kohlengrübchen einige Augenblicke mit der blauen Flamme. Die gebildeten geschmolzenen Sulfide werden auf ein flaches Stück Kohle gebracht und abwechselnd der Oxydations- und Reductionsflamme ausgesetzt, bis die Antimondämpfe anfangen aufzuhören, und eine vom Blei blau gefärbte Flamme erscheint. Der Rückstand wird pulverisirt und, dem Gewicht nach, mit der gleichen Menge eines aus 1 Th. Jodkalium und 5 Th. Schwefel bestehenden Gemisches versetzt. Das Ganze wird dann in einer offenen Röhre von 10—12 cm Länge und 10 mm Weite über einer Gas- oder Spiritusflamme erhitzt. Ein deutliches Sublimat von rothem Wismuthjodid bildet sich etwa 10 mm über dem gelben Jodbleisublimat.

Mit dem Wismuthsublimat ist ein möglicherweise in grösserer Entfernung von der Probe entstehendes Jodsublimat nicht zu verwechseln.

Wolfram. Das Verhalten der Wolframverbindungen zur Flussmitteln siehe § 40. — Verhalten zu Soda § 58. — Verhalten zu Zink in Gegenwart von Salzsäure § 63. — Bunsensche Flammenreactionen § 98. — Uebersicht der wichtigsten Löthrohrreactionen No. 48 der Tabelle am Schluss des Buches.

174. Ein geringer Wolframgehalt wird auf folgende Weise ermittelt: Man schmilzt die Probe mit der fünffachen Menge Soda zusammen, zieht die Schmelze mit Wasser aus und fällt die Wolframsäure mit Salzsäure in Gestalt eines weissen Pulvers. Der Niederschlag wird beim Kochen gelb und ist im Ueberschuss der Säure unlöslich (Unterschied von Molybdänsäure), in Ammoniak aber löslich. Die Lösung gibt mit Blutlaugensalz, nach Ansäuern, eine tiefbraune Färbung und nach einiger Zeit ein Präcipitat von gleicher Farbe, mit salpetersaurem Silberoxyd einen weissen und mit Zinnchlorür einen gelben Niederschlag. Säuert man mit Salzsäure an und erwärmt, so wird der Niederschlag — was sehr charakteristisch ist — schön blau.

Zink. Das Verhalten der Zinkverbindungen in der an einem Ende zugeschmolzenen Röhre siehe § 12. — Verhalten auf Kohle § 34. — Verhalten zu Kobaltlösung § 61. — Verhalten zu unterschwefeligsaurem Natron § 62. — Bunsen'sche Flammenreaction § 83. — Uebersicht der wichtigsten Löthrohrreactionen No. 49 der Tabelle am Schluss des Buches.

175. Auf Kohle prüft man Substanzen, in denen Zink im oxydirten oder geschwefelten Zustande vorhanden ist, für sich im Reductionsfeuer; solche, die noch andere Metalloxyde enthalten, mit einem Gemisch von 2 Th. Soda und $1^1/_2$ Th. Borax. Der sich bildende Beschlag ist sehr charakteristisch, da er beim Glühen stark leuchtet, heiss gelb, kalt weiss erscheint, sich nicht verflüchtigen lässt und bei der Behandlung mit Kobaltsolution eine grüne Farbe annimmt [No. 10]. Es empfiehlt sich die Kohle vorher an der Stelle, wo der Beschlag sich absetzen soll, mit der Solution zu befeuchten.

176. Während das Verhalten zu Kobaltsolution durch Blei und Wismuth nicht beeinträchtigt wird, verliert es, wenn Zinn und Antimon, welche sich ähnlich verhalten wie Zink, vorhanden sind, seine Anwendbarkeit. Zuweilen gelingt es zwar, Antimon mit der Oxydationsflamme auszutreiben, in den meisten Fällen jedoch muss man darauf verzichten, Zink neben den genannten Metallen vor dem Löthrohr zu ermitteln.

Zinn. Das Verhalten der Zinnverbindungen in der an einem Ende zugeschmolzenen Röhre siehe § 12. — Verhalten auf Kohle § 28. — Verhalten zu Kobaltlösung § 61. — Verhalten zu unterschwefligsaurem Natron § 62. — Bunsen'sche Flammenreactionen § 96. — Uebersicht der wichtigsten Löthrohrreactionen No. 50 der Tabelle am Schluss des Buches.

177. Ein Körper, welcher Zinn im oxydirten Zustande enthält, wird auf Kohle mit Soda und Borax in der Reductionsflamme geschmolzen. Man erhält geschmeidige, leicht schmelzbare Körnchen von metallischem Zinn. Trennt man dieselben von der Schlacke und bringt sie ins Oxydationsfeuer, so überziehen sie sich mit weissem Oxyd, welches sich auch in unmittelbarer Nähe der Probe auf der Kohle absetzt. Durch Behandlung mit Kobaltsolution färbt sich der Beschlag blaugrün. Neben Zink, das im ganzen Verhalten eine grosse Aehnlichkeit an den Tag legt, ist Zinn nur auf nassem Wege mit Sicherheit zu erkennen. Schwefelverbindungen werden geröstet und dann wie oben beschrieben geprüft.

178. In Metalllegirungen gibt sich Zinn leicht dadurch zu erkennen, dass man selbst bei guter Reductionsflamme kein blankes Korn bekommt.

Legirungen von Kupfer und Zinn (Kanonen-, Glockenmetall und Bronce) untersucht man auf folgende Weise: Man schmilzt die Substanz mit einem aus 1 Th. Soda, $^1/_2$ Th. Borax und $^1/_3$ Th. Kieselerde bestehenden Flusse so lange reducirend, bis das Metallkorn eine rotirende Bewegung annimmt. Dann verwandelt man die Flamme in eine oxydirende, lenkt sie hauptsächlich auf das Glas und richtet es so ein, dass das Korn auf der einen Seite mit dem Glase, auf der anderen mit der Kohle in Berührung kommt. Das Zinn wird oxydirt und vom Flussmittel aufgenommen, während das Kupfer zurückbleibt. Letzteres wird vom Glase getrennt und mit Phosphorsalz weiter geprüft, während die Schlacke zerstossen und mit Soda oder Cyankalium auf Kohle reducirt wird [No. 49].

IV. Capitel.

Systematische Untersuchung zusammengesetzter unorganischer Körper.

179. Wie bei analytischen Untersuchungen auf nassem Wege ist es auch bei der Löthrohranalyse rathsam, einen systematischen Gang inne zu halten, sobald man nicht einen einzelnen Bestandtheil auffinden, sondern die ganze Zusammensetzung eines Körpers ermitteln will. Man spart dadurch nicht nur Zeit, sondern hat auch eine grössere Gewähr dafür, dass kein Stoff übersehen wird.

Es braucht nicht besonders hervorgehoben zu werden, dass bei der Löthrohranalyse eine auf fortgesetzte Trennungen gegründete Untersuchungsmethode, wie in der Analyse auf nassem Wege gebräuchlich, nicht ausführbar ist. Ausser der Abscheidung flüchtiger Stoffe von nichtflüchtigen, sind Trennungen schwer zu bewerkstelligen. Ein Gang der Löthrohranalyse ist daher nicht viel mehr als eine systematische Reihenfolge von Gruppen- und Einzelreactionen. Dies bedingt, dass öfters neue Proben von der zur Untersuchung gelangenden Substanz gebraucht werden, worauf durch vorsichtige Eintheilung derselben Rücksicht zu nehmen ist.

Im Folgenden werden zwei Analysengänge mitgetheilt, von denen der erste sich auf alle durch das Löthrohr auffindbaren Elemente erstreckt und zugleich specielle Reactionen zur Bestätigung der gefundenen Stoffe enthält, während der zweite vorwiegend Metallverbindungen berücksichtigt.

Systematische Untersuchung zusammengesetzter Körper.*)

Vorprüfung.

A. Beim Erhitzen in der einseitig geschlossenen Röhre zeigt sich:

a. **Gas- und Dampfbildung.**

Farb- und Geruchloses Gas.

Wasser: Krystallwasser, Hydrate.

Sauerstoff: Superoxyde, salpeters., chlors., broms. und jodsaure Salze.

Kohlensäure: viele kohlensaure und oxals. Salze.

Kohlenoxydgas: oxals. und ameisens. Salze (letztere verkohlen).

Farbloses, riechendes Gas.

Schweflige Säure: Unterschwefels. und einige schwefelsaure Salze.

Schwefelwasserstoff: Unterschwefligsaure Salze und wasserhaltige Sulfide.

Ammoniak: einige Ammoniaksalze.

Gefärbtes, riechendes Gas.

Untersalpetersäure: die meisten salpeters. und salpetrigs. Salze.

Jod (violett): einige Jodmetalle und jodsaure Salze.

Brom (braun): einige Brommetalle.

Chlor (grünlichgelb): einige Chlormetalle.

b. **Sublimatbildung.**

Weisses Sublimat.

Ammoniaksalze.

Quecksilberchlorür: sublimirt ohne vorh. zu schmelzen.

Quecksilberchlorid, schmilzt zuvor.

Antimonoxyd, schmilzt u. sublimirt zu glänzend. Nadeln.

---

*) Landauer, *Zeitschrift für analytische Chemie,* XVI. 385.

b. **Sublimatbildung.** — Fortsetzung.

Tellurige Säure, schmilzt u. sublimirt zur amorphen Masse.

Arsenige Säure, sublimirt ohne zu schmelzen zu octaëdrischen Krystallen.

Schwarzes oder graues Sublimat.

Arsen: met. Arsen und manche Arsenverbindungen (Metallspiegel).

Quecksilberamalgame, und einige Quecksilber-Verbindungen (met. Kügelchen).

Farbiges Sublimat.

Schwefel, heiss gelbbraun, kalt gelb.

Antimonsulfide, heiss schwarz, halt rothgelb.

Arsensulfide, heiss braunroth, kalt rothgelb.

Quecksilberjodid, gelb, wird durch Reiben roth.

Zinnober, schwarz, beim Reiben roth.

Selen, röthlich bis schwarz, Pulver dunkelroth.

c. **Farbenwechsel.**

Zinkoxyd, von weiss in gelb, kalt weiss.

Zinnoxyd, von weiss in gelbbraun, kalt hellgelb.

Bleioxyd, von weiss in braunroth, kalt gelb.

Wismuthoxyd, von weiss in orangegelb, k. citronengelb.

Quecksilberoxyd, von roth in schwarz, kalt roth (flüchtig).

Eisenoxyd, von roth in schwarz, kalt roth (nichtflüchtig).

Quecksilberjodid, von roth in gelb, kalt roth.

Hydrate, der Kobalt-, Nickel-, Eisen- und Kupfersalze.

d. **Schmelzen**: Alkalisalze.

e. **Verkohlen**: Organische Substanzen.

f. **Phosphorescenz**: Alkalische Erden, Zinkoxyd, Zinnoxyd.

g. **Verknistern**: Chloralkalien, Bleiglanz und manche Mineralien.

B. Beim Erhitzen in der offenen Röhre zeigt sich:*)

a) **Gas- und Dampfbildung.**

Schweflige Säure, von charakteristischem Geruch: Schwefel und Schwefelmetalle.

Selenige Säure, nach faulem Rettig riechend: Selen und Selenmetalle.

b) **Sublimatbildung.**

Arsenige Säure: sehr flüchtiges, weit von der Probe entferntes, weisses Sublimat: Arsen und Arsenmetalle.

Antimonoxyd, weisser Rauch, Sublimat zum Theil flüchtig: Antimon und Antimonverbindungen.

Tellurige Säure, weisser Rauch, Sublimat zu farblosen Tropfen schmelzbar: Tellur und Tellurmetalle.

Schwefelsaures Bleioxyd,
Schwefelsaures Wismuthoxyd, } weisse, meist unterhalb der Probe befindliche Masse: Schwefelverbindungen von Blei, bezw. Wismuth.

C. Beim Glühen auf Kohle zeigt sich:

a) **Schmelzbarkeit.**

Schmelzbar:	**Unschmelzbar:**
Alkali- und einige Erdalkalisalze.	Salze der Erden und der alkalischen Erdmetalle.
Antimon, Blei, Cadmium, Tellur, Wismuth, Zink, Zinn, (sämmtlich leicht schmelzbar).	Kieselsäure.
Kupfer, Silber, Gold (schwer schmelzbar).	Eisen, Kobalt, Nickel, Molybdän, Wolfram, Platin, Palladium, Iridium, Rhodium und Osmium.

*) Reactionen, welche mit den vorhergehenden übereinstimmen, sind nicht von Neuem angegeben.

b) **Verpuffen**:
Salpetersaure, chlors., jods. und broms. Salze.

c) **Aufblähen**:
Wasserabgabe, borsaure Salze und Alaun.

Flammenfärbung, **Metallreduction** und **Beschlagbildung** werden bei der eigentlichen Untersuchung beschrieben.

Eigentliche Untersuchung.

AUFFINDUNG DER BASEN.

I. Man behandelt die mit Soda versetzte Substanz auf Kohle mit der Reductionsflamme; bei regulinischen Metallen unterbleibt der Sodazusatz.

Tritt eine der nachstehenden Gruppenreactionen allein auf, so kann der Gang auf folgende Weise abgekürzt werden:

a) die Substanz gibt einen Beschlag.	Abth.	I	Nr. 1.
b) die Substanz gibt ein Metallkorn ohne Beschlag	„	I	„ 10.
c) die Substanz gibt einen grauen oder schwarzen Rückstand	„	II	„ 13.
d) die Substanz färbt die Flamme, besonders nach Befeuchten mit HCl.	„	IV	„ 32.
e) die Substanz hinterlässt einen weissen, leuchtenden Rückstand.	„	V	„ 43.
f) die Substanz verflüchtigt sich vollständig	„	VI	„ 52.

(Heparbildung ist als Anzeichen eines Sulfats oder Sulfids zu beachten.)

1) Beschlag weiss, sehr flüchtig, verschwindet mit hellblauem Schein und verbreitet Knoblauchgeruch **Arsen.**

1* Specielle Nachweisung. Beim Erhitzen mit Cyankalium und Soda im Glaskölbchen bildet sich ein Arsenspiegel.

2) — röthlichbraun, bunt angelaufen wie die Augen der Pfauenfedern, durch Oxydations- und Reductionsflamme ohne farbigen Schein vertreibbar **Cadmium.**

2* Sp. Nachw. Der abgeschabte Beschlag färbt sich beim Erhitzen mit unterschwefligs. Natron in der einseitig geschlossenen Röhre gelb. Vergl. Nr. 3*

3) — heiss gelb, kalt weiss, leuchtet und ist unvertreibbar **Zink.**

3* Sp. Nachw. Der Beschlag wird beim Glühen mit Kobaltsolution grün. Bei gleichzeitiger Anwesenheit von Cd und Zn entsteht erst der Cd-Beschlag, später der Zn-Beschlag.

4) — stahlgrau, verschwindet in der Reductionsflamme mit blauem Schein und verbreitet den Geruch faulen Rettigs **Selen.**

4* Sp. Nachw. Vergl. Nr. 5*.

5) — weiss mit dunkelgelbem bis rothem Rand, verschwindet in der Reductionsflamme mit grünem Schein. **Tellur.**

5* Sp. Nachw. Sind Se und Te gleichzeitig vorhanden, so entsteht ein weisser Beschlag, der die Reductionsflamme blaugrün färbt und den Geruch des faulen Rettigs verbreitet. Behufs Unterscheidung bringt man am Probirglase einen Metallbeschlag hervor, befeuchtet mit einigen Tropfen concentrirter H_2SO_4 und erhitzt schwach. Te löst sich sofort mit carminrother Farbe, während die schmutziggrüne Farbe des Se erst bei gesteigerter Temperatur hervortritt.

6) Beschag bläulichweiss, flüchtig durch Oxydationsflamme vertreibbar, verschwindet in der Reductionsflamme mit grünem Schein.

Korn: weiss, spröde und oxydirbar **Antimon.**

6* Sp. Nachw. Wird der abgeschabte Beschlag mit HCl und Zn auf Platinblech zusammengebracht, so überzieht sich dieses mit einer schwarzen anhaftenden Antimonschicht.

7) — heiss orange, kalt citronengelb, durch Oxydations- und Reductionsflammen ohne farbigen Schein vertreibbar.

Korn: röthlichweiss, spröde, oxydirbar **Wismuth.**

7* Sp. Nachw. Auf Kohle mit Jodkalium und Schwefel in der Oxydationsflamme behandelt, entsteht der schön roth gefärbte Beschlag von Jodwismuth.

8) — h. citronengelb, k. schwefelgelb, durch Oxydations- und Reductionsflamme vertreibbar, färbt die Reductionsflamme schön blau.

Korn: grau, ductil und oxydirbar. **Blei.**

8* Sp. Nachw. Man befeuchtet die Probe mit HNO_3 verdampft die Säure, setzt etwas H_2SO_4 hinzu und erhitzt bis zur Entwickelung weisser Dämpfe. Es ensteht ein weisses Pulver, das in mit H_2SO_4 angesäuertem Wasser völlig unlöslich ist.

9) — h. gelblich, k. weiss, sehr gering, dicht an der Probe und nicht flüchtig.

Korn: weiss, ductil und sehr oxydirbar. **Zinn**

9* Sp. Nachw. Man löst in HCl und fällt aus der sauren Lösung durch Zn metallisches Zinn als graue, schwammartige Masse, welche am Platin nicht haftet (Unterschied von Sb). Wirft man in die Lösung (in der HCl und Zn befindlich) einen Krystall von $Na_2S_2O_3$, so fällt braunes SnS nieder.

10) Korn weiss, ductil, sehr glänzend. In starker Oxydationsflamme entsteht ein rothbrauner Beschlag, der bei Anwesenheit von Pb und Sb carmoisinroth wird. **Silber.**

10* Sp. Nachw. Man löst in HNO_3 und erhält durch HCl einen weissen, käsigen Niederschlag von AgCl.

11) Korn gelb, sehr glänzend, ductil und nicht oxydirbar **Gold.**

11* Sp. Nachw. Man löst in Königswasser und fällt durch $SnCl_2$ Goldpurpur.

12) Metall roth, ductil und oxydirbar. **Kupfer.**

12* Sp. Nachw. Vergl. Nr. 13 und 39.

Anmerkung.

Als graues, unschmelzbares Pulver bleiben Eisen, Nickel, Kobalt (magnetisch), Molybdän, Wolfram und die Metalle der Platingruppe zurück. Ueber die erstgenannten Körper gibt die Prüfung mit Borax (Abth. II.) näheren Aufschluss, wohingegen die Platinmetalle durch deutliche Löthrohrreactionen nicht ausgezeichnet sind.

Einige Chlor-, Jod-, Brom- und Schwefelmetalle bringen, ohne eine Metallreduction zu erleiden, weisse, wenig charakteristische Beschläge hervor, welche mit den oben beschriebenen nicht verwechselt werden dürfen. Die Substanzen, welche diese Beschläge hervorrufen, werden im Laufe des Ganges auf andere Weise ermittelt.

II. Man löst die Probe (Rückstand) in Borax am Platindraht.

a) es entsteht in der Oxydations- oder Reductionsflamme eine gefärbte Perle . . . . Nr. 13.

b) nicht . . . . Abth. IV Nr. 32.

Die Farbe der Perle ist

	Im Oxydationsfeuer.		*Im Reductionsfeuer.*		
	heiss	kalt	heiss	kalt	
13)	grün	blaugrün	farblos	braun	**Kupfer.**
14)	blau	blau	blau	blau	**Kobalt**
15)	violett bis schwarz	rothviolett	farblos	farblos bis rosa	**Mangan**
16)	violett	rothbraun	gelblichgrau	gelblichgrau	**Nickel**
17)	roth, schwach gesättigt gelb	farblos	grün	bouteillengrün	**Eisen**

13* **Sp. Nachw.** Die Phosphorsalzperle wird beim Reduciren mit Sn roth; wird sie schwarz, so röstet man auf Kohle ab und entfernt Sb und Bi durch Borsäure (O. Fl.)

14* **Sp. Nachw.** Das auf Kohle reducirbare Metall gibt, auf Papier abgestrichen, mit HNO_3 eine rothe Lösung, die, mit HCl versetzt, nach dem Trocknen einen grünen Fleck erzeugt, welcher beim Anfeuchten mit H_2O verschwindet.

15* **Sp. Nachw.** Beim Schmelzen mit Soda und Salpeter auf Platin entsteht eine grüne Masse.

16* **Sp. Nachw.** Das auf Kohle reducirte Metall gibt, auf Papier gestrichen, mit HNO_3 eine grüne Lösung, die mit Na_2CO_3, versetzt, einen apfelgrünen Fleck erzeugt.

17* **Sp. Nachw.** Das auf Kohle reducirte Metall gibt, auf Papier gestrichen und mit HNO_3 und HCl betropft, beim Erwärmen über der Flamme einen gelben Fleck, der, mit Blutlaugensalz befeuchtet, eine blaue Farbe annimmt.

	Im Oxydationsfeuer		*Im Reductionsfeuer*		
	heiss	kalt	heiss	kalt	
18)	roth, schwach gesättigt gelb	farblos	grün	bouteillengrün	**Uran**
19)	desgl.	farbl.,st.ges.opalartig	braun	braun (trübe)	**Molybdän**
20)	desgl.	grasgrün	grün	smaragdgrün	**Chrom**
21)	desgl.	farblos, st. ges. gelb.	farblos	farblos	**Cer**
22)	gelb	grüngelb	bräunlich	smaragdgrün	**Vanadin**
23)	desgl.	farblos, st. ges. emailweiss	gelb	gelblichbraun	**Wolfram**
24)	desgl.	farblos	gelb bis braun	gelb b. braun, durch Flattern blau	**Titan**

18* Sp. Nachw. Die Phosphorsalzperle ist in der Oxydationsflamme heiss gelb kalt gelbgrün; Reductionsflamme heiss schmutziggrün, kalt schön grün (Unterschied von Fe).

Man schliesst unlösliche Uranverbindungen in der Platinspirale mit $HKSO_4$ auf, verreibt die Schmelze mit Na_2CO_3, befeuchtet die Masse und saugt sie in Papier auf. Auf der mit Essigsäure befeuchteten Stelle entsteht durch Blutlaugensalz ein brauner Fleck.

19* Sp. Nachw. Beim Digeriren mit H_2SO_4 im Platinlöffel färbt MoO_3 die Säure nach Zusatz von Alkohol oder beim Anhauchen tiefblau.

20* Sp. Nachw. Beim Zusammenschmelzen mit Soda und Salpeter auf Platinblech entsteht eine gelbe Masse.

21* Sp. Nachw. Ist durch Löthrohrproben nicht bestimmt nachzuweisen.

22* Sp. Nachw. Nach Aufschliessen mit Soda und Salpeter, Ausziehen der Schmelze mit H_2O, Ansäuern mit Essigsäure bringt $AgNO_3$ einen gelben Niederschlag hervor.

23* Sp. Nachw. Die Phosphorsalzperle ist in der Oxydationsflamme heiss und kalt farblos; Reductionsflamme heiss schmutzig grün, kalt blau, auf Zusatz von Fe blutroth. — Vergl. Nr. 27.

24* Sp. Nachw. Die Phosphorsalzperle ist in der Oxydationsflamme heiss und kalt farblos; Reductionsflamme heiss gelb, kalt violett, auf Zusatz von Fe blutroth. — Vergl. Nr. 30.

25) Die Perle zeigt in Folge Vorhandenseins mehrerer färbenden Oxyde Doppelreactionen z. B.

Im Oxydationsfeuer		*Im Reductionsfeuer*		
heiss	kalt	heiss	kalt	
violett bis blutroth	bräunlichviolett	gelb	bouteillengrün	Mn und Fe
pflaumenfarbig	pflaumenfarbig	blaugrün	blau	Mn, Fe und Co
grün	graublau	blaugrün	grün	Mn, Fe, Co und Ni
gelbgrün	grün	grünlichblau	blau	Fe, Co und wenig Ni
violettbraun	braun	blau	blau	Co und viel Ni
grün	hellgrün, blau oder gelb, je nach Sättigung			Fe und Co Fe und Cu Fe und Ni

25* Sp. Nachw. **Man fertigt durch Lösen der Substanz in Borax und Abstossen vom Draht eine Anzahl Perlen an und reducirt diese auf Kohle unter Zufügung** eines Bleikornes. Nach einigem Blasen trennt man die Perle (a) vom Bleikorn (b) und untersucht

a) die **Perle**, deren Bruchstücke in Borax am Platindraht gelöst werden:

α) die Perle ist blau **Kobalt**

β) die Perle ist heiss grün, kalt blau, (Oxydationsflamme). **Eisen u. Kobalt**

γ) die Perle ist heiss violett bis blutroth, kalt bräunlich violett (Oxydationsflamme); heiss gelb, kalt bouteillengrün (Reductionsflamme); auf Kohle mit Sn reducirt vitriolgrün. Bei mangelhafter Oxydationsflamme ist die Perle heiss gelb, kalt farblos. **Mangan u. Eisen**

δ) die Perle ist heiss und kalt pflaumenfarbig (Oxydationsflamme); heiss blaugrün, kalt blau (Reductionsflamme.) **Mangan, Eisen u. Kobalt**

b) das **Bleikorn.** Man entfernt das Blei mit Borsäure (Oxydationsflamme auf Kohle) und löst den Rückstand in Phosphorsalz:

α) die Perle ist kalt blau (Oxydationsflamme), mit Sn auf Kohle reducirt roth **Kupfer**

β) die Perle ist kalt gelb (Oxydationsflamme) **Nickel**

γ) die Perle ist kalt grün (Oxydationsflamme). **Kupfer u. Nickel**

III. Man schliesst die Substanz mit saurem schwefelsauren Kali auf und stellt in die mit Salzsäure versetzte Lösung einen Zinkstab.*)

Die Lösung färbt sich:

26) blau, dann grün, endlich schwarzbraun **Molybdänsäure**

26* Sp. Nachw. Nach Nr. 19 bereits gefunden.

27) blau, dann kupferroth **Wolframsäure**

27* Sp. Nachw. Vergl. Nr. 23.

28) blau, dann grün, endlich violett **Vanadinsäure**

27*. Sp. Nachw. Vergl. Nr. 22.

29) grün **Chromsäure**

29* Sp. Nachw. Nach Nr. 20 bereits gefunden.

30) violett **Titansäure**

30* Sp. Nachw. Vergl. Nr. 24.

31) blau, aus stark sauren Lösungen braun **Niobsäure**

IV. Man führt die Substanz in der Platinpincette oder am Platindraht in die nicht leuchtende Flamme.

a) Es tritt Flammenfärbung ein (event. nach Befeuchten mit HCl oder H_2SO_4) . . . . Nr. 32.

b) Nicht . . . . Abth. V., Nr. 43.

Prüfung auf Basen.

Die Farbe der Flamme erscheint

	für sich	*durch das blaue Glas*	*durch das grüne Glas*	*bei*
Nach Befeuchten mit H_2SO_4 auf kurze Zeit in die Flamme gebracht.	32) violett	rothviolett	blaugrün	**Kali**
	33) orange	desgl.	orangegelb	**Kali u. Natron**
	34) orange	unsichtbar oder schwach blau	desgl.	**Natron**
	35) carminroth	violettroth	unsichtbar	**Lithion**

*) Abth. III. wird überschlagen, wenn auf Wolfram, Vanadin, Titan und Niob nicht untersucht zu werden braucht.

Die Farbe der Flamme erscheint:

	für sich	*durch das blaue Glas*	*durch das grüne Glas*	*bei*
Wiederholt mit H_2SO_4 befeuchtet, getrocknet und der grössten Hitze ausgesetzt.	36) gelbgrün	blaugrün	grün	**Baryt**
	37) gelbroth	grünlichgrau	zeisiggrün	**Kalk**
	38) carminroth Anmerkung. Ba, Ca und Sr lassen sich nebeneinander erkennen, wenn man die Probe nach Befeuchten mit HCl nass in die Flamme bringt und das Aufspritzen beobachtet.	purpur	schw. gelb	**Strontian**
	39) grün, nach Befeuchten mit HCl blau			**Kupfer.**

Prüfung auf Säuren.

40) gelbgrün, der Barytflamme ähnlich **Molybdänsäure**

40* Sp. Nachw. Gab mit Borax die Reactionen von Nr. 19.

41) gelbgrün (die Salze sind mit H_2SO_4 anzufeuchten). **Phosphorsäure**

41* Sp. Nachw. Mit **Mg.** in der geschl. Röhre erh., entsteht beim Anfeuchten mit **Wasser** der Geruch von Phosphorwasserstoff.

42) schön grün (die Salze sind mit H_2SO_4 anzufeuchten) **Borsäure**

42* Sp. Nachw. Mit $CaFl_2$ und $HKSO_4$ im Platinöhr erhitzt, entsteht die intensiv grüne Flamme von Fluorbor.

Anmerkung.

Auch Salzsäure und Salpetersäure bringen grüne Flammenfärbungen hervor; dieselben sind aber schwach und vergehen sehr schnell.

Die Flammenfärbungen der schon erkannten Elemente As, Sb, Pb (blau), Zn (grünlichweiss) werden durch die angewandte concentrite Schwefelsäure meist beseitigt.

V. Man befeuchtet die Substanz mit Kobaltsolution auf Kohle und glüht sehr kräftig.

43) blaue, unschmelzbare Masse **Thonerde**

43* Sp. Nachw. Bei Nr. 41 trat keine Flammenfärbung ein; auch entsteht in der Phosphorsalzperle kein Si-Skelett.

44) blaue, unschmelzbare Masse **Phosphors. Erden**

44* Sp. Nachw. Bei Nr. 41 zeigte sich eine gelbgrüne Flammenfärbung.

45) blaue, unschmelzbare Masse **Kieselsaure Erden**

45* Sp. Nachw. In der Phosphorsalzperle entst. ein Si-Skelett.

46) blaues Glas **Borsaure Alkalien**

46* Sp. Nachw. Bei Nr. 42 zeigte sich eine schön grüne Flammenfärbung.

47) blaues Glas **Phosphors. Alkalien**

47* Sp. Nachw. Bei Nr. 41 zeigte sich eine gelbgrüne Flammenfärbung.

48) blaues Glas **Kieselsaure Alkalien**

48* Sp. Nachw. In der Phosphorsalzperle entsteht ein Si-Skelett.

49) fleischrothe Masse **Magnesia**

50) violette Masse **Zirconerde**

51) grüne Masse **Zinkoxyd, Zinnoxyd, Antimonoxyd, Titansäure** schon gefunden.

VI. Man erhitzt die Substanz mit Soda in der einseitig geschlossenen Glasröhre.

52) Metallsublimat, zu Kügelchen vereinbar **Quecksilber**

52* Sp. Nachw. Mit $Na_2S_2O_3$ in der geschl. Röhre erhitzt, entsteht schwarzes HgS.

53) Geruch nach NH_3 **Ammoniak**

53* Sp. Nachw. Mit HCl weisse Nebel.

AUFFINDUNG DER SÄUREN.

VII. Man erhitzt die Substanz mit saurem schwefelsauren Kali in der einseitig geschlossenen Glasröhre.

a) es bildet sich ein gefärbtes Gas Nr. 54.
b) „ „ „ „ farbloses, riechendes Gas Nr. 60.
c) „ „ „ „ farb- und geruchloses Gas Nr. 68.
d) es tritt keine Reaction ein. . Abth. VIII. Nr. 71.

54) Rothe Dämpfe, vom Geruch der salpetrigen Säure **Salpetersäure od. salpetrige S.**

54* Sp. Nachw. Ein in die Röhre geschobener, mit Eisenvitriollösung getränkter Papierstreifen färbt sich braun.

Salpetersaure Salze verpuffen beim Erhitzen mit gepulvertem Cyankalium auf Platinblech mit Knall und Feuererscheinung.

55) gelbgrünes Gas, wie Chlor riechend **Chlorsäure**

55* Sp. Nachw. Die Substanz verpufft auf Kohle.

56) violetter Dampf, bläut Stärkekleister **Jod**

56* Sp. Nachw. Einer kupferoxydhaltigen Phosphorsalzperle zugesetzt, färben Jodverbindungen die Flamme rein grün.

57) vorstehende Reaction tritt auf Zusatz von Eisenvitriol ein **Jodsäure**

57* Sp. Nachw. Die Substanz verpufft auf Kohle

58) rothbrauner Dampf, färbt Stärkekleister gelb **Brom**

58* Sp. Nachw. Einer kupferoxydhaltigen Phosphorsalzperle zugesetzt, färben Bromverbindungen die Flamme grünlich blau.

59) dieselbe Reaction **Bromsäure**

59* Sp. Nachw. Die Substanz verpufft auf Kohle.

60) Dämpfe, welche mit NH_3 weisse Nebel bilden und den Geruch haben von **Salzsäure**

60* Sp. Nachw. Einer kupferoxydhaltigen Phosphorsalzperle zugesetzt, färben Chlorverbindungen die Flamme intensiv blau.

61) stark rauchendes, ätzendes Gas, welches Glas angreift **Fluorwasserstoff**

62) Schwefelwasserstoffgeruch **Schwefelwasserstoff**

62* Sp. Nachw. Schwefelmetalle entwickeln in der offenen, schief gehaltenen Glasröhre schweflige Säure, welche am Geruch und an der Wirkung auf feuchtes, blaues Lackmuspapier kenntlich ist.

63) Geruch nach brennendem Schwefel, keine Ausscheidung von Schwefel **Schweflige Säure**

64) dieselbe Reaction mit Schwefelausscheidung **Unterschweflige S.**

65) stechend riechendes Gas, reizt die Augen zu Thränen und trübt Kalkwasser **Cyansäure**

66) Essiggeruch **Essigsäure**

67) Blausäuregeruch **Blausäure**

68) das Gas wird unter Aufbrausen ausgetrieben und trübt Kalkwasser **Kohlensäure**

69) das Gas brennt mit blauer Flamme **Kohlenoxydgas**

70) es tritt Verkohlung ein **Organische Säuren**

VIII. Man erhitzt die Substanz, welche auf Kohle mit Soda Hepar bildete, mit Aetzkali im Platinlöffel, stellt das Ganze in ein Gefäss mit Wasser und legt eine blanke Silbermünze hinein.

71) die Münze bräunt sich nicht **Schwefelsäure**

71* Sp. Nachw. Um Schwefelsäure neben Schwefelverbindungen (Nr. 62) nachzuweisen, löst man die Substanz in Wasser, welches mit Salpetersäure angesäuert ist und fällt die Schwefelsäure mit Chlorbaryum.

Unlösliche Sulfate werden zuvor mit einer Lösung von kohlensaurem Natron gekocht, filtrirt und angesäuert.

IX. Es sind im Laufe des Ganges schon gefunden:

72) **Phosphorsäure** (Nr. 41), **Borsäure** (Nr. 42), **Kieselsäure** Nr. 45).

Systematische Untersuchung zusammengesetzter Körper nach Egleston.

Die Substanz kann enthalten *As, Sb, S, Se, Fe, Mn, Cu, Co, Ni, Pb, Bi, Ag, Au, Hg, Zn, Cd, Sn, Cl, Br, J,* Co_2, SiO_2, HNO_3, H_2O etc.

Man erhitzt die Probe auf Kohle in der Oxydationsflamme, um flüchtige Substanzen wie *As, Sb, Se, Pb, Bi, Cd* etc. zu ermitteln. § 25 und ff.

a. Sind flüchtige Stoffe nicht vorhanden, so theilt man etwa die Hälfte der Probe in drei Theile und geht über zu A.

b. Sind flüchtige Stoffe zugegen, so erzeugt man einen Beschlag und prüft diesen mit Phosphorsalz und Zinn auf *Sb*, (§ 110) oder behufs Unterscheidung von *Pb* und *Bi* nach §§ 109 und 173.

α Gelber Beschlag, gibt mit Phosphorsalz eine schwarze Perle, verschwindet mit blauer Flamme; gibt an keiner Stelle eine grüne *Sb* Flamme: **Pb** und **Bi.**

β Gelber Beschlag, gewöhnlich mit weissem Rand, gibt mit Phosphorsalz eine schwarze oder graue Perle verschwindet mit blauer Flamme; der Rand verschwindet mit grüner Flamme: **Pb** und **Sb.**

γ Gelber Beschlag, ähnlich wie β, aber keine blaue Flamme gebend: **Bi** und **Sb.**

c. Wenn *As, S, Se, Sb* anwesend sind, röstet man eine grössere Menge auf Kohle, bis der Geruch von Arsen oder schwefliger Säure verschwunden ist, theilt die Substanz in drei Theile und geht über zu A.

A. *Behandlung des ersten Theils.*

Man löst eine sehr geringe Menge in Borax am Platindraht in der Oxydationsflamme und beobachtet die Farbe der Perle. Da, wenn mehrere Metalloxyde mit einander verbunden sind, oft nach einander Gläser von verschiedener Farbe entstehen, so sättigt man eine Perle, stösst sie ab in ein Porcellanschälchen und wiederholt dies einige Male. § 40.

Man behandelt diese Perlen auf Kohle mit einem Körnchen Blei, Silber oder Gold in starkem Reductionsfeuer. § 147 und 150. Breitet sich das Glas auf Kohle aus, so muss es durch fortgesetztes Blasen zu einer Perle vereinigt werden. Man entfernt das Korn so lange es heiss ist von der Perle oder, wenn erkaltet, durch einen Schlag mit einem Hammer; alle Bruchstücke werden aufbewahrt. *Fe, Mn, Co* etc. bleiben in der Perle (a). *Ni, Cu, Ag, Au, Sn, Pb, Bi* werden reducirt und vom Metallkorn (b) aufgenommen (*Sn, Pb, Bi,* wenn zugegen, verflüchtigen sich theilweise).

Die Bruchstücke der Perle (a) löst man in Borax am Platindraht.

Ein blaues Glas ergibt: **Co.** Wenn Eisen in grosser Menge zugegen ist, fügt man noch Borax hinzu, um Kobalt zu erkennen. § 146.

Die Perle ist in der O. Fl. dunkel violett oder schwarz, **Mn.** Wenn nur *Fe* und *Mn,* nicht aber *Co* vorhanden, so erhält man eine fast farblose Perle (R. Fl.)

Man prüfe hier auf nassem Wege (§ 63) auf **Cr, Ti, Mo, Nb, W, V.**

Das Metallkorn (b) wird auf Kohle in der O. Fl. erhitzt bis alles Blei abgetrieben ist, oder letzteres wird durch Borsäure, § 149, entfernt. *Ni, Cu, Ag, Au* bleiben zurück.

Der Rückstand wird auf Kohle (O. Fl.) mit Phosphorsalz versetzt und das Korn, so lange die Perle heiss ist, entfernt.

Eine im kalten Zustande grüne Perle, § 150, deutet auf **Ni** und **Cu,** eine gelbe auf **Ni**; eine blaue auf **Cu.**

Die blaue Kupferperle wird bei der Reduction mit Zinn auf Kohle roth. § 148.

Das Vorhandensein von **Ag** und **Au** wird durch besondere Reactionen festgestellt.

B. *Behandlung des zweiten Theils.*

Man erhitzt die Substanz mit Soda in der R. Fl. und beobachtet, ob sich *Zn*, *Cd*, *Sn* zu erkennen geben. Entsteht ein weisser Beschlag, so ist mit Kobaltsolution zu prüfen. § 61.

C. *Behandlung des dritten Theils.*

Man löst etwas von der Substanz in Phosphorsalz auf Platindraht, (Oxydationsflamme), sieht nach, ob $\mathbf{SiO_2}$ zugegen ist, und prüft auf **Mn** mit Salpeter. § 155.

Specielle Reactionen.

1. Um einen Gehalt an **As** festzustellen, erhitzt man die Probe mit Soda reducirend auf Kohle oder mit trockener Soda in einer einseitig geschlossenen Röhre. § 114 u. ff.

2. Man löst in Phosphorsalz auf Platindraht in der O. Fl. (vorausgesetzt, dass die Probe weder ein Metall ist, noch Schwefel enthält) und untersucht auf **Sb** mit Zinn auf Kohle in der R. Fl. § 110.

3. Prüfung auf **Se** auf Kohle. § 164.

4. Bei Abwesenheit von *Se* schmilzt man die Probe mit Soda in der R. Fl. und prüft auf **S** mit Silberblech. § 162. Ist *Se* gegenwärtig, so erkennt man *S* in der offenen Röhre. § 14. Behufs Unterscheidung von *S* u. H_2SO_4, siehe § 163.

5. Prüfung auf **Hg** durch Erhitzen mit trockener Soda in der einseitig geschlossenen Röhre. No. 37 der Tabelle.

6. Man mengt einen Theil der Substanz mit Probirblei und Boraxglas und erhitzt auf Kohle in der R. Fl. Das Bleikorn wird zur Erkennung von **Ag** abgetrieben. § 167. **Au** lässt sich mit Hilfe von Salpetersäure nachweisen. § 142.

7. Prüfung auf **Cl, Br** und **J** mit Hilfe einer kupferoxydhaltigen Phosphorsalzperle. §§ 124, 126, 143.

8. Prüfung auf **Cl, Br** mit saurem schwefelsauren Kali § 64 und 65.

9. Prüfung auf **H_2O** in der einseitig geschlossenen Glasröhre. § 9.

10. Prüfung auf Flammenfärbung. § 41.

11. Prüfung auf **CO_2** mit Salzsäure.

12. Prüfung auf **HNO_3** mit saurem schwefelsauren Kali. § 161.

13. Prüfung auf **Te.** § 168.

Tabellen.

Uebersicht der Löthrohrreactionen,

nach den Erscheinungen geordnet.

Behandlung der Substanz.	Man achtet und schliesst auf:
1) im Glaskolben	**Wasserabgabe**: Krystallwasser, alkal. Reaction = NH_3; saure R. = flüchtige Säuren. **Gasentwickelung**: O, SO_2, H_2S, NO_2, CO_2, CO, CN, NH_3, HFl, J, Br. **Sublimatbildung**: weiss = NH_4Cl, Hg_2Cl_2, $HgCl_2$, Sb_2O_3, As_2O_3, TeO_2. grau-schwarz = As, Hg, Te. farbige: heiss gelbbraun, kalt gelb = S. heiss schwarz, kalt rothbraun = Antimonsulfide, heiss braunroth, kalt rothgelb = Arsensulfide, schwarz, beim Reiben roth = Zinnober, röthlich-schwarz (dunkelrothes Pulver) Se. **Farbenwechsel**: weiss, gelb, weiss = ZnO; weiss, gelb, braun, hellgelb = SnO_2, weiss, braunroth, gelb = PbO, weiss, orange, blassgelb Bi_2O_3, roth, schwarz, roth (flüchtig) HgO, roth, schwarz, roth (nicht flüchtig) Fe_2O_3. **Schmelzen**: Alkalisalze. **Verkohlen**: Organische Substanzen. **Phosphorescenz**: Alkal. Erden, Erden, ZnO, SnO_2. **Ammoniakentwickelung** beim Erhizen mit Soda: Ammonium- und organ. Stickstoffverbindungen.

Uebersicht der Löthrohrreactionen,

nach den Erscheinungen geordnet.

Behandlung der Substanz.	Man achtet und schliesst auf:
2) in der offenen Röhre.	Geruch: nach SO_2 = S und Sulfide; nach faulem Rettig = Se und Selenmetalle (stahlgraues Sublimat mit rothem Anflug). Sublimatbildung: weiss, krystallinisch = As. Metallkügelchen = Hg. Weisser Rauch, Sublimat z. Th. flüchtig = Sb. Weisser Rauch, Sublimat zu farblosen Tropfen schmelzbar = Te.

3) auf ohle für sich.	Schmelzbar: Von nicht metallischen Körpern = Alkali- und einige Erdalkalisalze.
	Von Metallen: leicht = Sb, Pb, Cd, Te, Bi, Zn, Sn;
	schwer = Cu, Au, Ag.
	Unschmelzbar: Von nicht metallischen Körpern = Salze der Erden u. alkal. Erdmetalle, SiO_2.
	Von Metallen Fe, Co, Ni, Mo, Pt, Ir, Rh, Os, W.
	Verpuffen: Salpersaure, chlors, jods. u. broms. Salze.
	Aufblähen: Wasserabgabe, borsaure Salze und Alaun.
	Geruch: S, As, Se, Te.
	Flammenfärbung: gelb = Na;
	gelbroth = Ca;
	roth = Li, Sr;
	grün = Ba, B_2O_3, P_2O_5, MoO_3, Cu;
	blau = $CuCl_2$, Se, As, Pb;
	violett = K.

Uebersicht der Löthrohrreactionen,

nach den Erscheinungen geordnet.

Behandlung der Substanz.	Man achtet und schliesst auf:
3) Fortsetzung.	Metallreduction und Beschlag: 1) *Korn ohne Beschlag.* glänzend = Ag, Au, Cu; graues Pulver = Fe, Co, Ni, Mo, W, Pt, Pd. 2) *Korn mit Beschlag.* Beschl. bläulichweiss, flüchtig; Korn weiss, spröde = Sb; „ heiss orange, kalt citronengelb; Korn röthlichweiss, spröde = Bi; „ „ citronengelb, kalt schwefelgelb; Korn grau, ductil = Pb; „ „ gelblich, kalt weiss; Korn weiss, ductil = Sn; „ dunkelroth; Korn weiss, ductil, glänzend = Ag. 3) *Beschlag ohne Korn.* Beschl. weiss, flüchtig = As; „ heiss gelb, kalt weiss = Zn; „ röthlichbraun, bunt angelaufen = Cd; „ stahlgrau = Se; „ weiss mit rothem Rand = Te; „ heiss gelb, kalt weiss, beim Anblasen erst blau, dann dunkelroth = Mo (entsteht nur im Oxydationsfeuer).

Uebersicht der Löthrohrreactionen,

nach der Erscheinung geordnet.

Behandlung der Substanz.	Man achtet und schliesst auf:				
4) auf Kohle mit Soda.	Hepar: schwefelsaure Salze und Sulfide Metallreduction und Beschlag wie 3.				
5) auf Platindraht mit Borax.	Farbe der Perle.	*Oxydationsflamme*		*Reductionsflamme*	
		heiss	kalt	heiss	kalt
	gelb (schwach gesättigt.)	Fe, U, Ce, Cr; Mo		Ti, Mo	Ti
	gelb (stark gesättigt.)	V, Ti, W, Pb, Bi, Sb, Zn, Cd	Fe, U, Ce.	W	
	roth (schwach gesättigt)				Cu (bräunlich)
	roth (stark gesättigt.)	Fe, Ce, U, Cr, Mo			Cu (bräunlich)
	braun		Ni	Mo, V, Ti, (stark gesättigt)	(stark gesättigt) W, Mo, Ti
	violett	Mn, Ni	Mn		
	blau	Co	Co, Cu,	Co	Co
	grün	Cu	Cr, V	Fe, U, Cr	Fe, V, U, Cr

Uebersicht der Löthrohrreactionen,

nach den Erscheinungen geordnet.

Behandlung der Substanz.	Man achtet und schliesst auf:				
	Farbe der Perle	*Oxydationsflamme* heiss	*Oxydationsflamme* kalt	*Reductionsflamme* heiss	*Reductionsflamme* kalt
6) auf Platindraht mit Phosphorsalz.	gelb (schwach gesättigt)	Fe, U, V, Ce, Ag,	V, Ni	Ti, Fe	Ni
	gelb (stark gesättigt)	U, V, W, Ti, Ag, Pb, Bi, Sb, Zn, Cd	V, Ni	Ti	Ni
	roth (schwach gesättigt)	Ni, Cr		Cr	Cu
	roth (stark gesättigt)	Fe, Ce, Ni, Cr	Fe (bräunlich)	Fe, Cr, Ni	Cu
	braun			V	
	violett	Mn	Mn		Ti
	blau	Co	Co, Cu	Co	Co, W
	grün	Cu, Mo	U, Cr, Mo	U, Cu, Mo, W	U, Mo, Cr, V.
	Kieselskelett = SiO_2				
7) auf Platindr. nach Befeuchten mit HCl, erhitzt.	Flammenfärbung: gelb = Na, durch blaues Glas unsichtbar bis blau; durch grünes orange. gelbroth = Ca, verhindert durch Ba; durch blaues Glas grüngrau; durch grünes Glas zeisiggrün.				

Uebersicht der Löthrohrreactionen,
nach den Erscheinungen geordnet.

Behandlung der Substanz.	Man achtet und schliesst auf:
7) auf Platindraht, nach Befeuchten mit HCl, erhitzt.	roth = Li, verhindert durch Na; durch blaues Glas violett; durch grünes Glas unsichtbar. roth = Sr, verh. d. Ba; durch blaues Glas violettroth; durch grünes Glas verschwindend gelblich. grün = B_2O_3; P_2O_5; Ba (durch grünes Glas blaugrün); MoO_3; Tl. blau = Cu (später grün), In, Se, As, Pb, Sb. violett = K, verh. d. Na; durch blaues Glas purpurroth; durch grünes Glas blaugrün.
8) auf Platindraht mit Soda in der Oxydationsflamme.	geschmolzene weisse Perle: Si, Ti, W, Mo, (Ba). geschmolzene gelbe Perle: Cr, V, (Bi), (Pb). geschmolzene grüne Perle: Mn.

9) auf Kohle mit Kobaltsolution.	blaue, unschmelzbare Masse = Al_2O_3, SiO_2 und phosphorsaure und kieselsaure Erden;
	blaues Glas = phosphorsaure, borsaure und kieselsaure Alkalien;
	grüne Masse = ZnO, TiO_2, SnO_2, Sb_2O_3;
	fleischrothe Masse = MgO;
	braune Masse = BaO;
	graue Masse = BeO, CaO, SrO;
	violett = ZrO_2.

Uebersicht der Löthrohrreactionen,
nach der Erscheinung geordnet.

Behandlung der Substanz	Man achtet und schliesst auf:
10) mit $Na_2S_2O_3$ in der einseitig geschlossenen Röhre	weiss = ZnO; gelb = As_2O_3, CdO; grün = Cr_2O_3, MnO; roth = Sb_2O_3; braun = SnO_2; schwarz = PbO, Fe_2O_3, CoO, CuO, NiO, UO_3, Bi_2O_3, Ag_2O, HgO.

11) mit H_2SO_4 oder $HKSO_4$ im Kölbchen.	farbige Dämpfe: braune = N_2O_3;
	gelbgrüne = ClO_2;
	violette = J;
	rothbraune = Br;
	riechende Gase: SO_2, HCl, HFl, H_2S.
	farb- und geruchlose Gase: CO_2, CO.

12) mit Zn und HCl nach vorheriger Aufschliessung.	die Flüssigkeit färbt sich blaugrün, schwarz, braun = MoO_3; blau, kupferroth = WO_3; blau, grün, violett = V_2O_5; grün = CrO_3; violett = TiO_2.

Tabellarische Uebersicht

des Verhaltens der Alkalien, Erden und Metalloxyde für sich und zu Reagentien im Löthrohrfeuer.

(Aus Plattner's Probirkunst mit dem Löthrohr.)

Alkalien.	*Verhalten für sich auf Platindraht.*	*Verhalten für sich auf Platinblech*	*Anmerkungen.*
1) **Kali.**	**Färbt, wenn es mit der Spitze der blau n Flamme geschmolzen wird, die äussere Flamme violett. — Eine ganz geringe Beimengung von Natron verhindert diese Reaction. § 49.**	0	
2) **Natron.**	**Färbt, wenn es mit der Spitze der blauen Flamme geschmolzen wird, die äussere Flamme stark röthlich gelb. Eine Beimengung von Kali, selbst wenn sie sehr bedeutend ist, verhindert diese Reaction nicht.**	0	
3) **Lithion.**	**Färbt, wenn es mit der Spitze der blauen Flamme geschmolzen wird, die äussere Flamme carminroth. — Eine schon bedeutende Beimengung von Kali, selbst wenn sie mehr beträgt als die Menge des Lithions, verhindert diese Reaction nicht; hingegen eine nur geringe Beimengung von Natron verändert diese Reaction, und die Flamme erscheint mehr oder weniger gelblichroth bis röthlich gelb § 51.**	**Auf Platinblech geschmolzen, verursacht es, dass das Platin rund um die Stelle, welche von dem Alkali bedeckt wird, dunkelgelb anläuft. Die hervorgebrachte Reaction verschwindet, wenn die Stelle mit Wasser gewaschen und das Metall geglüht wird; es hat aber seine Politur verloren und glänzt matt, was besonders beim Glühen zu erkennen ist.**	**Färben im aufgelösten Zustande geröthetes Lakmuspapier blau.**
4) **Ammoniak.**	**Färbt in seinen Verbindungen mit Salpetersäure, Schwefelsäure und Chlor die äussere Flamme schwach grünlich.**	0	**Lässt sich durch seinen eigenthümlichen Geruch erkennen und färbt geröthet. Lakmuspapier blau.**

Erden.	*Verhalten für sich auf Kohle und in der Pincette.*	*Verhalten zu Borax auf Platindraht.*	*Verhalten zu Phosphorsalz auf Platindraht.*	*Verhalten zu Soda auf Kohle.*	*Verhalten zu Kobaltsolution im Oxydationsfeuer.*
5) **Baryterde.**	**Als Hydrat schmilzt sie, kocht und schwillt an, gesteht auf der Oberfläche und zieht sich dann mit heftigem Kochen in die Kohle. In kohlensaurem Zustande schmilzt sie leicht zum klaren Glase, das unter der Abkühlung emailweiss wird. — Bei wiederholter Schmelzung kommt sie ins Kochen, spritzt um sich, wird kausticirt und von der Kohle eingesogen. In der Pincette erhitzt, färbt sie die äussere Flamme gelblichgrün (§ 52).**	Die kohlensaure unter Brausen zu einem klaren Glase auflöslich, das bei einem gewissen Zusatze emailweiss geflattert werden kann und bei einem grössern Zusatze unter der Abkühlung von selbst emailweiss wird.	Wie zu Borax.	Schmilzt mit solcher zusammen und wird von der Kohle eingesogen.	Zu einer braunrothen Kugel zusammenschmelzbar, die unter der Abkühlung ihre Farbe verliert und an der Luft bald zu einem lichtgrauen Pulver zerfällt. Ist die Kobaltsolution sehr verdünnt, so erscheint die Kugel nur schwach braun.
6) **Strontianerde.**	**Das Hydrat verhält sich gleich dem der Baryterde. Die kohlensaure schmilzt auf Kohle nur an den äussersten Kanten und schwillt blumenkohlartig auf. Die Verzweigungen geben ein glänzendes Licht und bei der Behandlung mit der Reductionsflamme einen rothen Schein; auch reagiren sie**	Wie Baryterde.	Wie Baryterde.	**Die kaustische unauflöslich. Kohlensaure Strontianerde mit dem gleichen Volumen Soda gemengt, schmilzt zu einem klaren Glase, das bei der Abkühlung milchweiss wird. In stärkerem Feuer geräth das Glas ins Kochen, die Erde wird kausticirt und geht in die Kohle. Ein grösserer Zusatz**	**Sintert und nimmt eine schwarze oder dunkelgraue Farbe an.**

Erden.	*Verhalten für sich auf Kohle und in der Pincette.*	*Verhalten zu Borax auf Platindraht.*	*Verhalten zu Phosphorsalz auf Platindraht.*	*Verhalten zu Soda*	*Verhalten zu Kobaltsolution im Oxydationsfeuer.*
6) Strontianerde.	nach der Abkühlung alkalisch. In der Pincette erhitzt, färbt sie die äussere Flamme purpurroth (vergl. § 54).			wird nicht gelöst, wird aber kausticirt und geht in die Kohle.	
7) Kalkerde.	Die kaustische schmilzt und verändert sich nicht. Die kohlensaure wird kaustisch, weisser von Farbe, leuchtet stärker im Feuer, reagirt dann alkalisch und fällt, wenn ein ganzes Stückchen angewendet wurde, bei der Befeuchtung mit Wasser zu Pulver. In der Pincette erhitzt, färbt sie die äussere Flamme schwach roth (vergl. § 53).	Leicht auflöslich zum klaren Glase, das unklar geflattert werden kann. Die kohlensaure unter Brausen auflöslich. Ein grösserer Zusatz gibt ein klares Glas, das unter der Abkühlung unklar und krystallinisch wird, aber niemals so milchweiss ist, wie von Baryt- oder Strontianerde.	In grosser Menge (die kohlensaure mit Brausen) zu einem klaren Glase auflöslich das, wenn es ziemlich gesättigt ist, unklar geflattert werden kann. Bei vollkommener Sättigung wird das klare Glas unter der Abkühlung milchweiss.	Unauflöslich. Die Soda geht in die Kohle und lässt die Kalkerde zurück.	Zeigt sich völlig unschmelzbar und wird grau.
8) Talkerde.	Die kohlensaure wird zersetzt, leuchtet dann im Feuer und reagirt alkalisch.	Wie Kalkerde, wird aber nicht so stark krystallinisch.	Leicht (die kohlensaure mit Brausen) zum klaren Glase auflöslich, das unklar geflattert werden kann und das bei vollkommener Sättigung unter der Abkühlung von selbst milchweiss wird.	Wie Kalkerde.	Nimmt nach langem Blasen eine wenig intensive fleischrothe Farbe an, die nach der völligen Abkühlung erst richtig gesehen werden kann. Phosphorsaure und arsensaure Talkerde schmelzen und nehmen eine violettrothe Farbe an.

Erden.	*Verhalten für sich auf Kohle und in der Pincette.*	*Verhalten zu Borax auf Platindraht.*	*Verhalten zu Phosphorsalz auf Platindraht.*	*Verhalten zu Soda auf Kohle.*	*Verhalten zu Kobaltsolution im Oxydationsfeuer.*
9) **Thonerde.**	Unveränderlich.	Langsam zum klaren Glase auflöslich, das weder durch Flattern, noch bei vollkommener Sättig. unter der Abkühlung von selbst unklar wird. Wenn viel in feinem Pulver zugesetzt wird, so entsteht ein unklares Glas, dessen Oberfläche bei der Abkühlung krystallinisch wird und das kaum mehr schmilzt.	Ebenfalls langsam zum klaren Glase löslich, das stets klar bleibt. Bei einem zu grossen Zusatze wird das Ungelöste halb durchsichtig.	Schwillt ein wenig an, gibt eine unschmelzbare Verbindung und die überschüssige Soda geht in die Kohle.	Erhält nach starkem Blasen eine schöne blaue Farbe, deren Intensität bei der Abkühlung erst richtig zum Vorschein kommt.
10) **Beryllerde.**	Unveränderlich.	In grosser Menge zum klaren Glase auflöslich, das durch Flattern und bei völliger Sättigung unter der Abkühlung von selbst milchweiss wird.	Wie zu Borax.	Unauflöslich.	Nimmt eine hellbläulichgraue Farbe an.
11) **Yttererde.**	Unveränderlich.	Wie Beryllerde.	Wie Beryllerde.	Unauflöslich.	0

Erden.	*Verhalten für sich auf Kohle und in der Pincette.*	*Verhalten zu Borax auf Platindraht.*	*Verhalten zu Phosphorsalz auf Platindraht.*	*Verhalten zu Soda auf Kohle.*	*Verhalten zu Kobaltsolution im Oxydationsfeuer.*
12) Erbinoxyd.	Das gelbe Oxyd nimmt im Reductionsfeuer eine hellere Farbe an und bekommt ein durchscheinendes Ansehen.	Löst sich etwas träge zu einem klaren farblosen Glase auf, das durch Flattern und bei völliger Sättigung unter der Abkühlung von selbst milchweiss wird.	Wie zu Borax.	Unauflöslich.	0
13) Zirkonerde oder Zirkonsäure.	Unschmelzbar. Zeigt bei starkem Glühen ein ungewöhnlich blendendes Licht.	Wie Beryllerde.	Löst sich etwas träger als im Borax und gibt schneller ein unklares Glas.	Unauflöslich	Bekommt eine schmutzig violette Farbe.
14) Thorerde	Unveränderlich.	In geringer Menge zu einem klaren Glase auflöslich, das bei völliger Sättigung unter der Abkühlung milchweiss wird, das aber, wenn es nach dem Erkalten klar erscheint, nicht unklar geflattert werden kann.	Wie zu Borax.	Unauflöslich.	0
15) Kieselerde oder Kieselsäure.	Unveränderlich.	Langsam zu einem klaren, schwer schmelzbaren Glase auflöslich das nicht unklar geflattert werden kann	In ganz geringer Menge zum klaren Glase löslich. Das Ungelöste schwimmt als halbdurchsichtige Masse (Kieselskelett) in der klaren Perle.	Unter starkem Brausen zum klaren Glase löslich.	Mit wenig Kobaltsolution nimmt sie eine schwach bläuliche Farbe an, die durch einen grössern Zusatz von Kobaltsolution schwarz oder dunkelgrau wird. Die dünnen Kanten der Probe können aber im heftigsten Feuer zum röthlichblauen Glase geschmolzen werden.

Metalloxyde u. Metallsäuren nach alphabetischer Ordnung.	*Verhalten für sich auf Kohle etc.*	*Verhalten zu Borax auf Platindraht*	*Verhalten zu Phosphorsalz auf Platindraht*	*Verhalten zu Soda*	*Verhalten zu Kobaltsolution im Oxydationsfeuer.*
	im Oxydations- und Reductionsfeuer.				
16) Antimonoxyd.	*Oxyd. Fl.* Entfernt sich von der Stelle, wo es hingelegt wurde und breitet sich zum Theil auf einer andern aus. *Red. Fl.* Wird reducirt und verflüchtigt. Die Kohle wird dabei meist mit Antimonoxyd beschlagen; auch ist eine grünlichblaue Färbung der äusseren Flamme wahrzunehmen.	*Oxyd. Fl.* In grosser Menge zum klaren Glase auflöslich, das, so lange es heiss ist, gelblich und nach dem Erkalten farblos erscheint. Auf Kohle kann die aufgelöste Säure verblasen werden, so dass ein Zusatz von Zinn dann keine Veränderung weiter hervorbringt. *Red. Fl.* Das im Oxydationsfeuer nur kurze Zeit behandelte Glas wird auf Kohle graulich und trübe von reducirten Antimontheilchen; diese verflüchtigen sich aber bei längerem Blasen und das Glas wird klar. Mit Zinn wird das Glas grau bis schwarz, je nachdem es schwächer oder stärker gesättigt ist.	*Oxyd. Fl.* Unter Kochen zum klaren, in der Wärme nur schwach gelblich erscheinenden Glase auflöslich. *Red. Fl.* Auf Kohle wird das gesättigte Glas anfangs trübe, später aber wieder klar, indem das Antimon reducirt und verflüchtigt wird. Mit Zinn behandelt, wird das Glas unter der Abkühlung grau von reducirtem Antimon, nach längerem Blasen aber wieder klar. Auch wenn das Glas sehr wenig Antimonoxyd aufgelöst enthält, bringt Zinn eine grauliche Trübung hervor.	Auf Kohle im Oxydations- und Reductionsfeuer sehr leicht reducirbar, das Metall raucht aber sogleich fort und beschlägt die Kohle weiss mit Antimonoxyd.	Wird ein auf Kohle gebildeter Beschlag von Antimonoxyd mit Kobaltsolution befeuchtet und hierauf im Oxydationsfeuer geglüht, so verflüchtigt sich zwar ein Theil des Beschlages, aber ein anderer Theil bleibt höher oxydirt zurück und erscheint nach völligem Erkalten schmutzig bläulichgrün.

Metalloxyde u. Metallsäuren nach alphabetischer Ordnung.	*Verhalten für sich auf Kohle etc.*	*Verhalten zu Borax auf Platindraht*	*Verhalten zu Phosphorsalz auf Platindraht*	*Verhalten zu Soda*	*Verhalten zu Kobaltsolution im Oxydationsfeuer.*
	im Oxydations- und Reductionsfeuer.				
17) Arsenige Säure	Verflüchtigt sich schon unter der Rothglühhitze.	0	0	Auf Kohle wird sie unter Entwickelung von Arsendämpfen reducirt, die sich durch einen starken knoblauchartigen Geruch zu erkennen geben.	0
18) Bleioxyd.	Mennige auf Platinblech erhitzt, färbt sich schwarz und verwandelt sich bei anfangender Glühung in gelbes Oxyd. Bei stärkerer Hitze schmilzt dieses Oxyd zum gelben Glase. Auf Kohle im Oxydations- und Reductions-Feuer wird es sogleich unter Brausen zu metall. Blei reducirt, das sich bei fortgesetztem Blasen nach und nach verflüchtigt und die Kohle mit gelbem Oxyd beschlägt; auch bildet sich hinter dem gelben Beschlag noch ein dünner weisser, welcher aus kohlens.	*Oxyd. F.* Leicht zum klaren gelben Glase auflöslich, das unter der Abkühlung farblos wird, bei einem grossen Zusatze unklar geflattert werden kann und bei einem noch grösseren Zusatze unter der Abkühlung von selbst unklar und zwar emailgelb wird. *Red. F.* Auf Kohle breitet sich das oxydhaltige Glas aus und wird trübe; bei fortgesetztem Blasen reducirt sich das Bleioxyd unter Aufbrausen zu metallischem Blei, und das Glas wird wieder klar.	*Oxyd. F.* Wie zu Borax. Es ist aber eine grösssere Menge von Oxyd nöthig, um ein Glas zu erlangen, welches, während es noch heiss ist, gelb erscheint.	*Oxyd. F.* Auf Platindraht leicht zu einem klaren Glase auflöslich, das unter der Abkühlung gelblich und undurchsichtig wird.	0

Metalloxyde u. Metallsäuren nach alphabetischer Ordnung.	*Verhalten für sich auf Kohle etc.*	*Verhalten zu Borax auf Platindraht*	*Verhalten zu Phosphorsalz auf Platindraht*	*Verhalten zu Soda*	*Verhalten zu Kobaltsolution im Oxydationsfeuer.*
	im Oxydations- und Reductionsfeuer.				
18) Bleioxyd.	Bleioxyd besteht. Im Red.-F. verschwinden diese Beschläge mit einem azurblauen Scheine.		*Red. F.* Das oxydhaltige Glas wird auf Kohle graulich und trübe. Bei einem starken Zusatze von Oxyd wird die Kohle mit gelbem Oxyd beschlagen. Durch Zinn wird das Glas trüber und dunkler graulich als ohne Zinn, aber nie ganz undurchsichtig.	*Red. F.* Auf Kohle wird es sofort zu metallischem Blei reducirt, welches bei fortgesetztem Blasen die Kohle mit Oxyd beschlägt.	
19) Cadmiumoxyd.	*Oxyd. F.* Auf Platinblech unveränderlich. *Red. F.* Auf Kohle verschwindet es in kurzer Zeit und beschlägt die Kohle rund umher mit einem rothbraunen bis dunkelgelben Pulver, dessen Farbe erst nach völligem Erkalten richtig gesehen werden kann. Von dem Beschlage aus läuft die Kohle pfauenschweifig bunt an.	*Oxyd. F.* In sehr grosser Menge zu einem klaren gelblichen Glase auflöslich, dessen Farbe unter der Abkühlung beinahe verschwindet. Bei starker Sättigung kann das Glas milchweiss geflattert werden, und bei noch stärkerer Sättigung wird es unter der Abkühlung von selbst emailweiss. *Red. F.* Auf Kohle kommt das oxydhaltige Glas zum Kochen;	*Oxyd. F.* In sehr grosser Menge zum klaren Glase auflöslich, das bei einem starken Zusatze heiss gelblich, nach der Abkühlung aber farblos erscheint, und, wenn es gesättigt ist, unter der Abkühlung milchweiss wird. *Red. F.* Auf Kohle wird das aufgelöste Oxyd langsam und unvollständig reducirt. Das reducirte Metall beschlägt die Kohle ganz schwach	*Oxyd. F.* Unauflöslich. *Red. F.* Auf Kohle wird es sogleich reducirt; das Metall verflüchtigt sich und beschlägt die Kohle mit rothbraunem u. dunkelgelbem Oxyd. Weiter entfernt läuft die Kohle pfauenschweifig bunt an.	0

Metalloxyde u. Metallsäuren nach alphabetischer Ordnung.	*Verhalten für sich auf Kohle etc.*	*Verhalten zu Borax auf Platindraht*	*Verhalten zu Phosphorsalz auf Platindraht*	*Verhalten zu Soda*	*Verhalten zu Kobaltsolution im Oxydationsfeuer.*
	im Oxydations- und Reductionsfeuer.				
19) Cadmiumoxyd.		das Cadmium wird reducirt, das Metall verflüchtigt sich aber sofort und beschlägt die Kohle mit dunkelgelbem Oxyd.	mit dunkelgelbem Oxyd, dessen Farbe erst nach dem Erkalten richtig zum Vorschein kommt. Ein Zusatz von Zinn beschleunigt die Reduction.		
20) Ceroxyd.	Das Oxydul verwandelt sich im Oxydationsfeuer in Oxyd; dieses bleibt im Reductionsfeuer unverändert.	*Oxyd. F.* Zum dunkelgelben bis rothen Glase auflöslich (ähnlich wie Eisenoxyd); die Perle wird aber unter der Abkühlung gelb. Bei einer gewissen Sättigung kann das Glas emailartig geflattert werden, und bei stärkerer Sättigung wird es unter der Abkühlung von selbst emailartig. *Red. F.* Ein gelbgefärbtes Glas wird farblos. Ein stark gesättigtes Glas wird unter der Abkühlung emailweiss und krystallinisch.	*Oxyd. F.* Wie zu Borax; die Farbe verschwindet aber ganz bei der Abkühlung. *Red. F.* Das Glas erscheint sowohl heiss als kalt ganz farblos, wodurch sich das Ceroxyd vom Eisenoxyd unterscheidet. Bei keiner Sättigung wird das Glas unter der Abkühlung unklar.	Unauflöslich. Die Soda geht in die Kohle, das Oxyd verwandelt sich in Oxydul und bleibt mit hellgrauer Farbe zurück.	0

Metalloxyde u. Metallsäuren nach alphabetischer Ordnung.	*Verhalten für sich auf Kohle etc.*	*Verhalten zu Borax auf Platindraht*	*Verhalten zu Phosphorsalz auf Platindraht*	*Verhalten zu Soda*	*Verhalten zu Kobaltsolution im Oxydationsfeuer.*
	im Oxydations- und Reductionsfeuer.				
21) Chromoxyd	Im Oxydations- und Reductionsfeuer unveränderlich.	*Oxyd. F.* Löst sich langsam auf, färbt aber intensiv. Bei einem geringen Zusatz erscheint das Glas, so lange es heiss ist, gelb (Chromsäure), kalt aber gelbgrün; bei einem grösseren Zusatz heiss dunkelroth, wird aber unter der Abkühlung gelb und bei völligem Erkalten schön gelblich grün. *Red. F.* Das wenig gesättigte Glas ist heiss nnd kalt schön grün (Oxyd). Von einem grösseren Zusatz wird es dunkler oder rein smaragdgrün. Zinn bringt weiter keine Veränderung hervor.	*Oxyd. F.* Zum klarem Glase auflöslich, das, so lange es heiss ist, röthlich erscheint, unter der Abkühlung aber eine schmutzig grüne und beim völligen Erkalten eine schön grüne Farbe annimmt. *Red. F.* Wie im Oxydationsfeuer. Die Farben erscheinen aber etwas dunkler; eben so auch mit Zinn.	*Oxyd. F.* Auf Platindraht zu einem dunkelbraungelben Glase auflöslich, das unter der Abkühlung undurchsichtig gelb wird (Chromsäure). *Red. F.* Das Glas wird undurchsichtig und unter der Abkühlung grün (Oxyd). Auf Kohle kann es nicht zu Metall reducirt werden; es bleibt, während die Soda in die Kohle geht, als Oxyd mit grüner Farbe zurück.	0
22) Didymoxyd.	Unveränderlich.	*Oxyd. F.* Zum klaren farblosen Glase löslich. *Red. F.* Nur bei starker Sättignng wird die Perle schwach rosa gefärbt.	*Oxyd. F.* Wie zu Borax. *Red. F.* Bei starker Sättigung erscheint die Perle nach längerem Blasen im durchfallenden Lichte violett.	Unauflöslich; die Soda geht in die Kohle.	0

Metalloxyde u. Metallsäuren nach alphabetischer Ordnung.	*Verhalten für sich auf Kohle etc.*	*Verhalten zu Borax auf Platindraht*	*Verhalten zu Phosphorsalz auf Platindraht*	*Verhalten zu Soda*	*Verhalten zu Kobaltsolution im Oxydationsfeuer.*
	im Oxydations- und Reductionsfeuer.				
23) Eisenoxyd.	*Oxyd. F.* Unveränderlich. *Red. F.* Wird schwarz und magnetisch (Oxyd-Qxydul).	*Oxyd. F.* Von einem geringen Zusatze erscheint das heisse Glas gelb, das kalte farblos; bei einem grösseren Zusatze besitzt das heisse Glas eine rothe und das kalte eine gelbe Farbe; von einem noch grösseren Zusatze ist das heisse Glas dunkelroth und wird unter der Abkühlung dunkelgelb. *Red. F.* Das oxydhaltige Glas wird bouteillengrün (Oxyd-Oxydul). Auf Kohle mit Zinn behandelt, wird es anfangs bouteillengrün, nach längerem Blasen aber vitriolgrün (Oxydul).	*Oxyd. F.* Von einem gewissen Zusatze erscheint das heisse Glas gelblichroth, wird aber unter der Abkühlung zuerst gelb, dann grünlich und zuletzt farblos. Von einem sehr grossen Zusatze heiss dunkelroth, unter der Abkühlung braunroth, dann schmutzig grün und kalt gelb. Die Farben verschwinden unter der Abkühlung weit eher als im Boraxglase. *Red. F.* Bei einem geringen Zusatze scheint das oxydhaltige Glas nicht verändert zu werden; bei einem grösseren ist es heiss roth und wird unter der Abkühlung zuerst gelb, dann grünlich und endlich bräunlich (rauchbraun). Mit Zinn auf Kohle behandelt, wird das Glas beim Erkalten grün und zuletzt farblos (Oxydul).	*Oxyd. F.* Unauflöslich. *Red. F.* Auf Kohle wird es reducirt und gibt beim Abschlämmen der kohligen Theile ein graues magnetisches Metallpulver.	0

Metalloxyde u. Metallsäuren nach alphabetischer Ordnung.	*Verhalten für sich auf Kohle etc.*	*Verhalten zu Borax auf Platindraht*	*Verhalten zu Phosphorsalz auf Platindraht*	*Verhalten zu Soda*	*Verhalten zu Kobaltsolution im Oxydationsfeuer.*
	im Oxydations- und Reductionsfeuer.				
24) Goldoxyd.	Wird beim Erbitzen bis zum Glühen mit jeder Flamme zu Metall reducirt, welches leicht zum Korne geschmolzen werden kann.	*Oxyd. F.* Wird, ohne sich aufzulösen, reducirt, und kann auf Kohle zum Goldkorne geschmolzen werden. *Red. F.* Desgleichen.	Wie zu Borax.	Wie zu Borax; die Soda geht aber in die Kohle.	0
25) Indiumoxyd.	*Oxyd. F.* Wird beim Erhitzen dunkelgelb, unter der Abkühlung aber wieder heller und schmilzt nicht. *Red. F.* Wird nach und nach reducirt, das Reducirte wird aber verflüchtigt und lagert sich als Beschlag auf der Kohle ab. Die blauviolette Färbung der äusseren Flamme ist dabei sehr deutlich wahrzunehmen.	*Oxyd. F.* Zum klaren im heissen Zustande schwach gelblich gefärbten Glase auflöslich, das unter der Abkühlung farblos, bei grossem Zusatze aber trübe wird. *Red. F.* Das Glas verändert sich nicht. Auf Kohle wird das Oxyd reducirt; das reducirte Metall wird flüchtig, oxydirt sich wieder und beschlägt die Kohle. Trotz der Natronreaction bemerkt man die blauviolette Färbung der äusseren Flamme.	Wie zu Borax; das Glas wird aber, mit Zinn auf Kohle behandelt, unter der Abkühlung grau und trübe.	*Oxyd. F.* Unlöslich. *Red. F.* Auf Kohle wird es reducirt, zum Th. verflüchtigt sich das Metall und beschlägt die Kohle mit Oxyd, z. Th. ist es in beinahe silberweissen Kügelchen in der Salzmasse wahrzunehmen.	hell braun 0

Metalloxyde u. Metallsäuren nach alphabetischer Ordnung.	*Verhalten für sich auf Kohle etc.*	*Verhalten zu Borax auf Platindraht*	*Verhalten zu Phosphorsalz auf Platindraht*	*Verhalten zu Soda*	*Verhalten zu Kobaltsolution im Oxydationsfeuer.*
	im Oxydations- und Reductionsfeuer.				
26) Iridiumoxyd.	Wird in der Glühhitze reducirt; die Metalltheile können aber nicht geschmolzen werden.	*Oxyd. F.* Wird, ohne sich aufzulösen, reducirt; das Metall kann aber selbst auf Kohle nicht zum Korne vereinigt werden. *Red. F.* Desgleichen.	Wie zu Borax.	Wie zu Borax; die Soda geht aber in die Kohle.	0
27) Kobaltoxydul.	*Oxyd. F.* Unveränderlich. *Red. F.* Schrumpft etwas zusammen und wird, ohne zu schmelzen, zu Metall reducirt, welches dem Magnetstahle folgt und, im Mörser aufgerieben, Metallglanz annimmt.	*Oxyd. F.* Färbt sehr intensiv. Das Glas erscheint heiss und kalt rein smalteblau. Bei starker Sättigung wird das Glas so tief dunkelblau, dass es schwarz aussieht. *Red. F.* Wie im Oxydationsfeuer.	*Oxyd. F.* Wie zu Borax; die Farbe ist bei gleichem Zusatze aber nicht ganz so intensiv, was hauptsächlich nach der Abkühlung wahrzunehmen ist. *Red. F.* Wie im Oxydationsfeuer.	*Oxyd. F.* Auf Platindraht in ganz geringer Menge zur durchsichtigen schwachrothen Masse auflöslich, die unter der Abkühlung grau wird. *Red. F.* Auf Kohle zu einem grauen magnetischen Pulver reducirbar, welches beim Reiben Metallglanz annimmt.	0
28) Kupferoxyd.	*Oxyd. F.* Schmilzt zu einer schwarzen Kugel, die sich auf der Kohle bald ausbreitet u. auf der unteren Seite reducirt. *Red. F.* Bei einer Temperatur, bei welcher Kupfer noch nicht schmilzt, wird das Oxyd reducirt. Die reducirten Theile	*Oxyd. F.* Färbt sehr intensiv. Ein geringer Zusatz färbt das Glas so, dass es im heissen Zustande grün erscheint, unter der Abkühlung aber blau wird. Von einem grösseren Zusatze ist es heiss dunkelgrün bis undurchsichtig,	*Oxyd. F.* Das Glas wird von einer gleich grossen Menge Oxydes nicht so intensiv gefärbt als Borax. Die Farben sind dieselben wie im Boraxglase und zwar, je nachdem wenig oder viel aufgelöst wird, heiss: grün bis dunkelgrün u. undurch-	*Oxyd. F.* Auf Platindraht zu einem klaren grünen Glase auflöslich, das unter der Abkühlung seine Farbe verliert und undurchsichtig wird.	0

Metalloxyde u. Metallsäuren nach alphabetischer Ordnung.	*Verhalten für sich auf Kohle etc.* im Oxydations- und Reductionsfeuer.	*Verhalten zu Borax auf Platindraht* im Oxydations- und Reductionsfeuer.	*Verhalten zu Phosphorsalz auf Platindraht* im Oxydations- und Reductionsfeuer.	*Verhalten zu Soda* im Oxydations- und Reductionsfeuer.	*Verhalten zu Kobaltsolution im Oxydationsfeuer.*
28) Kupferoxyd.	leuchten mit dem metallischen Glanze des Kupfers; sobald aber das Blasen unterbrochen wird, oxydirt sich die Oberfläche des Metalles wieder u. wird schwarz oder braun. Bei stärkerer Hitze schmilzt es zum Kupferkorne.	wird aber unter der Abkühlung grünlichblau. *Red. F.* Bei einer gewissen Sättigung wird das oxydhaltige Glas bald farblos, nimmt aber unter der Abkühlung eine rothe Farbe an und wird undurchsichtig (Oxydul). Auf Kohle kann das Kupfer metallisch ausgefällt werden, so dass das Glas nach dem Erkalten ganz farblos erscheint. Ein oxydhaltiges Glas mit Zinn auf Kohle behandelt, wird unter der Abkühlung braunroth und undurchsichtig (Oxydul).	sichtig und nach dem Erkalten blau bis grünlichblau. *Red. F.* Ein ziemlich stark gesättigtes Glas wird dunkelgrün, und unter der Abkühlung, in dem Augenblicke des Erstarrens, undurchsichtig braunroth (Oxydul). Enthält das Glas nur wenig Oxyd aufgelöst, wird aber auf Kohle mit Zinn behandelt, so erscheint es in der Hitze farblos und wird unter der Abkühlung ebenfalls roth oder braunroth und undurchsichtig.	*Red. F.* Auf Kohle wird es sehr leicht zu metallischem Kupfer reducirt, welches bei hinreichend starkem Feuer zu einem oder mehreren Körnern schmilzt.	
29) Lanthanoxyd.	Unveränderlich.	*Oxyd. F.* Zum klaren farblosen Glase auflöslich, das bei einer gewissen Sättigung emailweiss geflattert werden kann, und bei stärkerer Sättigung unter	Wie zu Borax.	Unauflöslich. Die Soda geht in die Kohle und das Oxyd bleibt mit grauer Farbe zurück. (Berzelius).	0

Metalloxyde u. Metallsäuren nach alphabetischer Ordnung.	*Verhalten für sich auf Kohle etc.*	*Verhalten zu Borax auf Platindraht*	*Verhalten zu Phosphorsalz auf Platindraht*	*Verhalten zu Soda*	*Verhalten zu Kobaltsolution im Oxydationsfeuer.*
	im Oxydations- und Reductionsfeuer.				
29) Lanthanoxyd.		der Abkühlung von selbst emailartig wird. (Berzelius.) *Red F.* Wie im Oxydationsfeuer.			
30) Manganoxyd.	*Oxyd. F.* Unschmelzbar. Das Oxyd sowohl als auch das Superoxyd wird bei hinreichend starkem Feuer in Oxydul umgeändert, indem beide Oxyde Sauerstoff abgeben und eine braunrothe Farbe annehmen. *Red. F.* Ebenso.	*Red. F.* Färbt sehr intensiv. Das Glas erscheint, so lange es heiss ist, violett (amethystfarbig), wird aber unter der Abkühlung violettroth. Von einem etwas zu starken Zusatze wird das Glas ganz schwarz und undurchsichtig, so dass man die Farbe nur wahrnehmen kann, wenn man das noch weiche Glas mit der Pincette platt drückt. *Red. F.* Das gefärbte Glas wird farblos (Oxydul). Ist das Glas sehr dunkel gefärbt, so gelingt die Reduction auf Kohle, u. vorzüglich bei einem Zusatze von Zinn, besser als auf Platindraht.	*Oxyd. F.* Das Glas verlangt einen grossen Zusatz, ehe es deutlich gefärbt erscheint; es besitzt dann, so lange es heiss ist, eine braunviolette Farbe und wird unter der Abkühlung rothviolett. Bei keinem Zusatze wird es undurchsichtig. Enthält das Glas nur so wenig Oxyd, dass es farblos erscheint, so wird durch Salpeter die Farbe hervorgebracht (s. Probe auf Mangan). Ein oxydhaltiges Glas kocht bei starkem Feuer und gibt Gas ab. *Red F.* Das gefärbte Glas wird sehr bald farblos (Oxydul), und verhält sich dann ganz ruhig.	*Oxyd. F.* Auf Platindraht oder Platinblech in ganz geringer Menge zur klaren durchsichtigen grünen Masse auflöslich, die unter der Abkkühlung undurchsichtig u. blaugrün wird (mangansaures Natron). *Red. F.* Auf Kohle kann es nicht zu Metall reducirt werden; die Soda geht in die Kohle und das Mangan bleibt als Oxydul zurück.	0

Metalloxyde u. Metallsäuren nach alphabetischer Ordnung.	*Verhalten für sich auf Kohle etc.*	*Verhalten zu Borax auf Platindraht*	*Verhalten zu Phosphorsalz auf Platindraht*	*Verhalten zu Soda*	*Verhalten zu Kobaltsolution im Oxydationsfeuer.*
	im Oxydations- und Reductionsfeuer.				
31) Molybdänoxyd.	*Oxgd F.* Schmilzt, breitet sich aus, verflüchtigt sich und bedeckt die Kohle in gewisser Entfernung in Gestalt eines gelblichen Pulvers, das der Probe zunächst aus kleinen Krystallen besteht. Der pulverförmige Beschlag wird unter der Abkühlung weiss und die Krystalle erscheinen farblos. Vor diesem Beschlage befindet sich ein dünner, nicht zu verflüchtigender Ueberzug von Molybdänoxyd, welcher nach dem Erkalten dunkelkupferroth und metallisch glänzend erscheint. Der weisse Beschlag färbt sich nach Berührung mit der Reductionsflamme dunkelblau von molybdäns. Molybdänoxyd. *Red. F.* Der grösste Theil geht in die Kohle und kann bei gutem Feuer zu Metall reducirt werden,	*Oxyd. F.* Leicht und in grosser Menge zum klaren Glase auflöslich, das, während es heiss ist, gelb erscheint, nach der Abkühlung aber farblos wird. Bei einem sehr grossen Zusatze zeigt das Glas im heissen Zustande eine dunkelgelbe bis dunkelrothe Farbe, und wird unter der Abkühlung opalartig bis emailbläulichgrau. *Red. F.* Das im Oxydationsfeuer behandelte Glas wird bei einer starken Sättigung braun und bei einer noch stärkeren undurchsichtig (Oxyd). In gutem Feuer wird Molybdänoxyd in Form von schwarzen Flocken ausgeschieden, die in dem gelblich gewordenen Glase sehr deutlich zu sehen sind, wenn man dasselbe mit der Pincette breit drückt.	*Oxyd. F.* Leicht zum klaren Glase auflöslich, das von einem mässigen Zusatze im heissen Zustande gelbgrün erscheint, unter der Abkühlung aber beinahe farblos wird. Auf Kohle wird das Glas ganz dunkel und unter der Abkühlung schön grün (in Folge einer Reduction zu Oxyd. *Red. F.* Das im Oxydationsfeuer behandelte Glas wird ganz dunkel schmutzig grün, nimmt aber unter der Abkühlung eine reinere grüne Farbe an. Auf Kohle verhält es sich ebenso; Zinn färbt die grüne Farbe etwas dunkler (Oxydul?)	*Oxyd. F.* Auf Platindraht unter Brausen zum klaren Glase schmelzbar, das unter der Abkühlung milchweiss wird. *Red. F.* Auf Kohle findet anfangs eine Schmelzung unter Aufbrausen statt; die geschmolzene Masse wird aber dann von der Kohle eingesogen und es reducirt sich ein grosser Theil der Molybdänsäure zu Metall, welches durch Abschlämmen als ein stahlgraues Pulver erhalten werden kann.	

Metalloxyde u. Metallsäuren nach alphabetischer Ordnung.	*Verhalten für sich auf Kohle etc.*	*Verhalten zu Borax auf Platindraht*	*Verhalten zu Phosphorsalz auf Platindraht*	*Verhalten zu Soda*	*Verhalten zu Kobaltsolution im Oxydationsfeuer.*
	im Oxydations- und Reductionsfeuer.				
	welches durch Abschlämmung der anhängenden Kohlentheile in Form eines grauen Pulvers zu erlangen ist.				
32) Nickeloxydul.	*Oxyd. F.* Unveränderlich. *Red. F.* Auf Kohle wird es zu Metall reducirt. Das reducirte zusammenhängende Pulver kann nicht geschmolzen werden; es nimmt aber, im Mörser stark gerieben, Metallglanz an und folgt begierig dem Magnetstahl.	*Oxyd F.* Färbt ziemlich intensiv. Von einem geringen Zusatze erscheint das heisse Glas violett und wird unter der Abkühlung blass rothbraun; von einem grösseren Zusatze sind diese Farben dunkler. *Red. F.* Das oxydhaltige Glas wird grau und trübe oder ganz undurchsichtig von fein zertheiltem met. Nickel. Bei fortgesetztem Blasen hängen sich die reducirten Metalltheile an einander, ohne zu schmelzen, und das Glas wird farblos. Auf Kohle, und vor-	*Oxyd. F.* Zu einem röthlichen Glase auflöslich, das unter der Abkühlung gelb wird. Von einem grösseren Zusatze erscheint das heisse Glas braunroth und wird beim Erkalten röthlichgelb. *Red. F.* Auf Platindraht scheint das oxydhaltige Glas nicht verändert zu werden. Auf Kohle mit Zinn behandelt, wird es im Anfange undurchsichtig und grau, nach längerem Blasen wird aber alles Nickel reducirt und das Glas wird farblos.	*Oxyd. F.* Unauflöslich. *Red. F.* Auf Kohle leicht zu kleinen weissen, glänzenden Metalltheilen reducirbar, die nach der Abschlämmung der kohligen Theile begierig dem Magnetstahle folgen.	0

Metalloxyde u. Metallsäuren nach alphabetischer Ordnung.	*Verhalten für sich auf Kohle etc.*	*Verhalten zu Borax auf Platindraht*	*Verhalten zu Phosphorsalz auf Platindraht*	*Verhalten zu Soda*	*Verhalten zu Kobaltsolution im Oxydationsfeuer.*
	im Oxydations- und Reductionsfeuer.				
32) Nickeloxydul.		züglich mit Zinn, geschieht die Reduction noch schneller, und das reducirte Nickel vereinigt sich mit dem Zinn zum Korne.			
33) Niobsäure.	*Oxyd. F.* Nimmt beim Erhitzen eine gelbliche Farbe an, wird aber unter der Abkühlung wieder weiss. Eine weitere Veränderung ist nicht zu bemerken. *Red. F.* Eben so.	*Oxyd. F.* Leicht zu einem klaren farblosen Glase auflöslich, das bei einem gewissen Zusatze unklar geflattert werden kann, und bei einem grösseren Zusatze unter der Abkühlung von selbst unklar wird. *Red. F.* Ein im Oxydationsfeuer behandeltes Glas, welches unter der Abkühlung von selbst unklar wird, verändert sich nicht.	*Oxyd. F.* In grosser Menge zum klaren farblosen Glase auflöslich, das, so lange es heiss ist, gelb erscheint, unter der Abkühlung aber farblos wird. *Red. F.* Bei einem sehr starken Zusatz wird das Glas braun.	*Oxyd. F.* Schmilzt mit dem gleichen Volumen Soda gemengt unter Brausen zusammen; mit einem grösseren Zusatz von Soda geht sie in die Kohle. *Red. F.* Eben so. Eine Reduction zu Metall kann nicht bewirkt werden.	Nimmt eine bräunlich graue Farbe an.
34) Osmiumoxyd.	*Oxyd. F.* Verwandelt sich in Osmiumsäure, die sich, ohne einen Beschlag zu geben, mit einem durchdringenden, stechenden Geruch verflüchtigt, und sehr reizend auf die Augen wirkt. *Red. F.* Wird zu	0	0	Wird sehr leicht zu einem unschmelzbaren Metallpulver reducirt, welches durch Abschlämmen rein erhalten werden kann.	0

Metalloxyde u. Metallsäuren nach alphabetischer Ordnung.	*Verhalten für sich auf Kohle etc.*	*Verhalten zu Borax auf Platindraht*	*Verhalten zu Phosphorsalz auf Platindraht*	*Verhalten zu Soda*	*Verhalten zu Kobaltsolution im Oxydationsfeuer.*
	im Oxydations- und Reductionsfeuer.				
	einem dunkelbraunen unschmelzbaren Metallpulver reducirt (das sehr leicht zu Osmiumsäure oxydirt werden kann).				
35) Palladiumoxydul.	Wird in der Glühhitze reducirt, die Metalltheile können aber nicht geschmolzen werden.	*Oxgd. F.* Wird, ohne sich aufzulösen, reducirt, die ausgeschiedenen Metalltheile lassen sich aber nicht (selbst auf Kohle nicht) zum Korne vereinigen. *Red. F.* Eben so.	Wie zu Borax.	Unauflöslich. Die Soda geht in die Kohle und hinterlässt das Palladium als ein unschmelzbares Pulver.	0
36) Platinoxyd.	Wird in der Glühhitze reducirt, die Metalltheilchen können aber nicht geschmolzen werden.	*Oxyd. F.* Wird, ohne sich aufzulösen, reducirt; die Metalltheile können aber selbst auf Kohle nicht zum Korne vereinigt werden. *Red. F.* Eben so.	Wie zu Borax.	Wie zu Borax; die Soda geht aber in die Kohle.	0
37) Quecksilberoxyd.	Wird augenblicklich reducirt und verflüchtigt.	0	0	Im Glaskölbchen bis zum Glühen erhitzt, wird es (wie für sich) reducirt nnd dampfförmig ausgeschieden. Die Dämpfe condensiren sich im Hals des Kölbchens und bilden einen metallischen Beschlag, der durch behutsames	0

Metalloxyde u. Metallsäuren nach alphabetischer Ordnung.	*Verhalten für sich auf Kohle etc.*	*Verhalten zu Borax auf Platindraht*	*Verhalten zu Phosphorsal. auf Platindraht*	*Verhalten zu Soda*	*Verhalten zu Kobaltsolution im Oxydationsfeuer.*
	im Oxydations- und Reductionsfeuer.				
37) Quecksilberoxyd.				Klopfen zur Quecksilberkugel vereinigt werden kann.	
38) Rhodiumoxyd. **39) Rutheniumoxyd.**	Werden leicht reducirt, die Metalltheile können aber nicht geschmolzen werden.	*Oxyd F.* Werden, ohne sich aufzulösen, reducirt; die Metalltheile können aber selbst auf Kohle nicht zum Korne geschmolzen werden. *Red. F.* Wie im Oxydationsfeuer.	Wie zu Borax.	Wie zu Borax; die Soda geht aber in die Kohle.	0
40) Silberoxyd.	Wird leicht zu metallischem Silber reducirt, welches zu einem oder mehreren Kügelchen schmilzt.	*Oxyd. F.* Wird z. Th. aufgelöst, z. Th. auch zu Metall reducirt. Das Glas wird unter der Abkühlung, nach der ungleichen Menge, entweder nur opalartig oder milchweiss. Metallisches Silber auf einem Thonschälchen mit Borax geschmolzen, gibt dasselbe Glas. *Red. F.* Auf Kohle wird das oxydhaltige Glas anfangs graulich von reducirten Silbertheilen, später aber, nachdem alles Silber ausgefällt und zum Korne geschmolzen ist, klar und farblos.	*Oxyd. F.* Das Oxyd sowohl, als das metallische Silber, verursacht eine gelbliche Farbe im Glase. Bei einem grossen Gehalte an Silberoxyd erscheint das Glas nach dem Erkalten opalartig, gegen das Tageslicht gehalten gelblich und gegen Feuerschein röthlich. *Red. F.* Wie zu Borax.	Wird augenblicklich reducirt u. schmilzt, während die Soda in die Kohle geht, zu einem oder mehreren Silberkügelchen.	0

Metalloxyde u. Metallsäuren nach alphabetischer Ordnung.	Verhalten für sich auf Kohle etc.	Verhalten zu Borax auf Platindraht	Verhalten zu Phosphorsalz auf Platindraht	Verhalten zu Soda	Verhalten zu Kobaltsolution im Oxydationsfeuer.
	im Oxydations- und Reductionsfeuer.				
41) Tantalsäure.	*Oxyd. F.* Färbt sich beim Erhitzen schwach gelb, wird aber unter der Abkühlung wieder weiss. Eine weitere Veränderung findet nicht Statt. *Red. F.* Eben so.	*Oxyd. F.* Leicht zum klaren Glase auflöslich, das bei einem gewissen Zusatze, so lange es heiss ist, gelb erscheint, unter der Abkühlung aber farblos wird u. unklar geflattert werden kann. Ein grösserer Zusatz verursacht, dass das Glas unter der Abkühlung von selbst emailweiss wird. *Red. F.* Wie im Oxydationsfeuer.	*Oxyd. F.* In grosser Menge zum klaren Glase auflöslich, das bei einem sehr starken Zusatze, so lange es heiss ist, gelblich erscheint, unter der Abkühlung aber farblos wird. *Red. F.* Das im Oxydationsfeuer gebildete Glas erleidet keine Veränderung.	*Oxyd. F.* Mit etwas mehr als dem gleichen Volumen von Soda gemengt, schmilzt sie auf Kohle unter Brausen zur Perle, die sich aber bald ausbreitet; mit einem etwas grösseren Zusatze von Soda geht sie in die Kohle. *Red. F.* Eben so. Eine Reduction zu Metall findet nicht statt.	Erscheint nach langem Durchglühen hellgrau, nimmt aber unter der Abkühlung eine schwach rothe Farbe an, ganz ähnlich wie Talkerde. Ist sie nicht ganz frei von einem Alkali, so sintert sie und wird bläulichschwarz.
42) Tellurige Säure.	*Oxyd. F.* Schmilzt und reducirt sich mit Brausen. Das reducirte Metall verflüchtigt sich aber sofort, und beschlägt die Kohle weiss mit telluriger Säure; ein solcher Beschlag hat gewöhnlich eine rothe oder dunkelgelbe Kante. *Red. F.* Desgl. Auch wird die äussere Flamme bläulichgrün gefärbt.	*Oxyd. F.* Zum klaren farblosen Glase auflöslich, das auf Kohle grau von reducirten Metalltheilen wird. *Red. F.* Das auf Platindraht im Oxydationsfeuer behandelte Glas wird auf Kohle zuletzt grau, und nachdem alles Tellur reducirt und verflüchtigt ist, wieder farblos. Auch wird die Kohle mit telluriger Säure beschlagen.	Wie zu Borax.	Auf Platindraht zum klaren farblosen Glase auflöslich, das unter der Abkühlung weiss wird. Auf Kohle wird sie reducirt und verflüchtigt, wobei sich ein Beschlag von telluriger Säure bildet.	0

Metalloxyde u. Metallsäuren nach alphabetischer Ordnung.	*Verhalten für sich auf Kohle etc.*	*Verhalten zu Borax auf Platindraht*	*Verhalten zu Phosphorsalz auf Platindraht*	*Verhalten zu Soda*	*Verhalten zu Kobaltsolution im Oxydationsfeuer.*
	im Oxydations- und Reductionsfeuer.				
43) Thalliumoxyd.	Schmilzt und reducirt sich sofort unter Brausen zu Metallkügelchen, welche sich bei fortgesetztem Blasen verflüchtigen und die Kohle mit einem schwachen weissen Beschlag belegen.	*Oxyd. F.* Leicht zum farblosen Glase löslich. Wird die erkaltete Perle bis zu einer weit unter der Rothgluth liegenden Temperatur erhitzt, so färbt sich die Oberfläche braun; erhöht man die Temperatur, so wird die Perle unter Entwickelung kleiner Blasen wieder farblos. *Red. F.* Das Glas zeigt eine grauliche Trübung, die nach längerem Blasen verschwindet.	*Oxyd. F.* Zum klaren Glase löslich, welches durch schwaches Anblasen trübe wird. *Red. F.* Das Glas wird auf Kohle trübe und grau.	Wird auf Kohle unter Entwickelung von Dämpfen und Bildung eines weissen Beschlags zu Metall reducirt.	0
44) Titansäure.	*Oxyd. F.* Nimmt beim Erhitzen eine gelbe Farbe an, wird aber unter der Abkühlung wieder weiss. Eine weitere Veränderung findet nicht statt. *Red. F.* Desgl.	*Oxyd. F.* Leicht zu einem klaren Glase auflöslich, das bei einem gewissen Zusatze, so lange es heiss ist, gelb erscheint, unter der Abkühlung aber farblos wird und unklar geflattert werden kann, und bei einem sehr grossen Zusatze unter der Abkühlung von selbst emailweiss wird.	*Oxyd. F.* Leicht zum klaren Glase auflöslich, das von einem grossen Zus. gelb erscheint, unter der Abkühlung aber farblos wird. *Red. F.* Das im Oxydationsfeuer gebildete Glas verändert sich so, dass es im heissen Zustande zwar ebenfalls eine gelbe Farbe zeigt, sich aber unter der Abkühlung röthet u.	*Oxyd. F.* Auf Kohle unter Brausen zum dunkelgelben Glase auflöslich, das unter der Abkühlung unter schwachem Aufglühen krystallisirt. Beim völligen Erkalten wird das Glas grauweiss bis weiss. *Red. F.* Eben so. Eine Reduction zu Metall kann nicht bewirkt werden.	Nimmt eine gelblichgrüne Farbe an, ähnlich wie Zinkoxyd, aber nicht so schön.

Metalloxyde u. Metallsäuren nach alphabetischer Ordnung.	*Verhalten für sich auf Kohle etc.*	*Verhalten zu Borax auf Platindraht*	*Verhalten zu Phosphorsalz auf Platindraht*	*Verhalten zu Soda*	*Verhalten zu Kobaltsolution im Oxydationsfeuer.*
	im Oxydations- und Reductionsfeuer.				
44) Titansäure.		*Red. F.* Bei einem geringen Zusatze wird das Glas gelb, bei einem grösseren dunkelgelb bis braun (Oxyd). Ein gesättigtes Glas kann emailblau geflattert werden.	eine schön violette Farbe annimmt (Oxyd). War die Titansäure nicht frei von Eisen, so wird das Glas unter der der Abkühlung braungelb bis braunroth. Auf Kohle mit Zinn behandelt, wird das Glas violett, wenn der Gehalt an Eisen nicht zu gross ist.		0
45) Uranoxyd.	*Oxyd. F.* Es schmilzt nicht, nimmt aber eine schmutzig dunkel gelblichgrüne Farbe an (Oxyd-Oxydul). *Red. F.* Wird schwarz und zeigt auch diese Farbe beim Aufreiben im Mörser (Oxydul).	*Oxyd. F.* Verhält sich wie Eisenoxyd; die Farben sind aber von gleichen Mengen etwas heller. Bei starker Sättigung kann das Glas emailgelb geflattert werden. *Red. F.* Gibt dieselben Farben wie Eisenoxyd. Das grüne (von Oxyd-Oxydul) bis zu einem gewissen Grade gesättigte Glas kann schwarz geflattert werden; es wird aber weder emailähnlich noch krystallinisch.	*Oxyd. F.* Zum klaren gelben Glase auflöslich, dessen Farbe unter der Abkühlung grüngelb wird. *Red. F.* Das oxydhaltige Glas wird schmutziggrün, unter der Abkühlung aber rein und schön grün (Oxyd-Oxydul). Mit Zinn auf Kohle behandelt wird die grüne Farbe dunkler (Oxydul).	*Oxyd. F.* Unauflöslich. Ein geringer Zusatz von Soda gibt Zeichen von Schmelzung. Von einer grösseren Menge Soda wird die Masse gelbbraun. Mit einer noch grösseren Menge geht das Oxyd in die Kohle. *Red. F.* Eben so; das Oxyd lässt sich nicht zu Metall reduciren.	0

Metalloxyde u. Metallsäuren nach alphabetischer Ordnung.	*Verhalten für sich auf Kohle etc.*	*Verhalten zu Borax auf Platindraht*	*Verhalten zu Phosphorsalz auf Platindraht*	*Verhalten zu Soda*	*Verhalten zu Kobaltsolution im Oxydationsfeuer.*
	im Oxydations- und Reductionsfeuer.				
45) Uranoxyd.		Auf Kohle mit Zinn behandelt, wird das Glas dunkelgrün (Oxydul).			
46) Vanadinsäure.	Schmelzbar. Der mit der Kohle in Berührung befindliche Theil wird reducirt und zieht sich in die Kohle; der übrige Theil bekommt Farbe und Glanz wie Graphit und ist Vanadinsuboxyd.	*Oxyd F.* Zum klaren Glase auflöslich, das von einem geringen Zusatze farblos, von einem grösseren aber gelb erscheint und unter der Abkühlung grünlich gelb wird. *Red. F.* Das im Oxyd.-F. gefärbte Glas verändert sich so, dass es, so lange es heiss ist, bräunlich erscheint und unter der Abkühlung schön chromgrün wird (Oxyd).	*Oxyd. F.* Zum klaren Glase auflöslich, das bei einem nicht zu geringen Zusatze, so lange es heiss ist, dunkelgelb erscheint, und unter der Abkühlung eine hellgelbe Farbe annimmt. *Red. F.* Wie zu Borax.	Schmilzt damit zusammen und zieht sich in die Kohle.	0
47) Wismuthoxyd.	*Oxyd. F.* Auf Platinblech schmilzt es leicht zu einer dunkelbraunen Masse, die unter der Abkühl. blassgelb wird. Auf Kohle wird es im Oxydations- und Reductionsfeuer zu metallischem Wis-	*Oxyd. F.* Leicht zu einem klaren gelben Glase auflöslich, das bei einem geringen Zusatze unter der Abkühlung farblos wird. Von einem grösseren Zusatz erscheint das Glas, so lange es heiss ist,	*Oxyd. F.* Leicht zu einem klaren gelben Glase auflöslich, das unter der Abkühlung farblos wird. Bei einem starken Zusatze kann das Glas emailartig geflattert werden, u. bei einem noch stärkeren wird	*Oxyd. F.* Auf Platindraht leicht zu einem klaren gelben Glase lösl., das unter der Abkühlung gelbbraun wird u. nach dem Erkalten hellgelb u. undurchsichtig erscheint. (Chapman.) *Red. Fl.* Auf Kohle	0

Metalloxyde u. Metallsäuren nach alphabetischer Ordnung.	Verhalten für sich auf Kohle etc.	Verhalten zu Borax auf Platindraht	Verhalten zu Phosphorsalz auf Platindraht	Verhalten zu Soda	Verhalten zu Kobaltsolution im Oxydationsfeuer
	im Oxydations- und Reductionsfeuer.				
47) Wismuthoxyd	muth reducirt, das sich bei fortgesetztem Blasen nach und nach verflüchtigt und die Kohle mit gelbem Oxyd beschlägt; auch bildet sich hinter dem gelben Beschlag noch ein dünner weisser, welcher aus kohlensaurem Wismuthoxyd besteht. Im Reductionsfeuer verschwinden diese Beschläge ohne einen farbigen Schein zu geben.	gelblichroth, wird aber unter der Abkühlung gelb und beim völligen Erkalten opalartig. *Red. F.* Auf Kohle wird das Glas anfangs grau und trübe, dann reducirt sich das Oxyd unter Aufbrausen zu Metall und das Glas wird wieder klar. Mit einem Zusatze von Zinn geschieht die Ausfällung des Wismuths noch schneller.	es unter der Abkühlung von selbst emailweiss. *Red. F.* Auf Kohle, vorzüglich mit Zinn, verändert sich das Glas so, dass es im heissen Zustande klar und farblos erscheint, unter der Abkühlung aberschwarzgrau und undurchsichtig wird. Diese Färbung findet selbst bei ausserordentlich geringen Mengen noch statt.	wird es sofort zu metallischem Wismuth reducirt.	
48) Wolframsäure.	*Oxyd. F.* Unveränderlich, sobald die Hitze nicht so stark ist, dass in Folge einer Bildung von Kohlenoxydgas eine Reduction zu Oxyd erfolgt. *Red. F.* Wird schwarz (Oxyd), schmilzt aber nicht.	*Oxyd. F.* Leicht zum klaren farblosen Glase auflöslich. Bei einem ziemlich grossen Zusatze erscheint es, so lange es heiss ist, gelb, bei einem grösseren Zusatze kann es emailartig geflattert werden, u. bei einem noch grösseren wird es unter der Abkühlung von selbst emailweiss. *Red. F.* Bei einem geringen Zusatz wird	*Oxyd. F.* Leicht zum klaren farblosen Glase auflöslich, das erst bei starker Sättigung im heissen Zustande gelb erscheint. *Red. F.* Das im Oxydationsfeuer gebildete Glas erscheint nach kurzer Behandlung im heissen Zustande schmutziggrün, wird aber unter der Abkühlung blau (wolframsaures Wolframoxyd); bei zu	*Oxyd. F.* Auf Platindraht zum klaren, dunkelgelben Glase auflöslich, das unter der Abkühlung krystallinisch und undurchsichtig weiss oder gelblich wird. *Red. F.* Mit wenig Soda kann auf Kohle eine grosse Menge zu metallischem Wolfram reducirt werden; mit mehr Soda, wobei Alles in die Kohle dringt, erhält man	0

Metalloxyde u. Metallsäuren nach alphabetischer Ordnung.	*Verhalten für sich auf Kohle etc.*	*Verhalten zu Borax auf Platindraht*	*Verhalten zu Phosphorsalz auf Platindraht*	*Verhalten zu Soda*	*Verhalten zu Kobaltsolution im Oxydationsfeuer.*
	im Oxydations- und Reductionsfeuer.				
48) Wolframsäure.		das Glas nicht verändert, bei einem grösseren wird es gelb bis dunkelgelb und unter der Abkühlung gelblichbraun (Oxyd). Auf Kohle erfolgt diese Reaction mit einer geringeren Menge. Zinn bringt bei nicht zu starker Sättigung dunklere Farben hervor.	langem Blasen wird es unter der Abkühlung bläulichgrün. Auf Kohle vorzüglich mit Zinn, wird es dunkelgrün (Oxyd). Enthält die Wolframsäure Eisen, so erscheint das heisse Glas am Platindrahte gelb, wird aber unter der Abkühlung braunroth (blutroth), wie von eisenhaltiger Titansäure. Durch Zinn auf Kohle wird das eisenh. Glas blau, wenn der Gehalt an Eisen unbedeutend ist.	gelbes, metallisch glänzendes Wolframoxyd-Natron.	
49) Zinkoxyd.	*Oxyd. F.* Wird beim Erhitzen gelb und unter der Abkühlung wieder weiss. Es schmilzt nicht, leuchtet aber stark beim Glühen. *Red. F.* Verschwindet nach und nach, indem es reducirt, aber das Reducirte sofort verflüchtigt u. wieder oxydirt wird; ein grosser Theil des flüchtig gewordenen	*Oxyd. F.* Leicht und in grosser Menge zu einem klaren, im heissen Zustande gelblich gefärbten Glase auflöslich, das unter der Abkühlung farblos wird, bei einem grossen Zusatze emailartig geflattert werden kann und bei einem noch grösseren unter der Abkühlung von selbst emailartig wird.	Wie zu Borax.	*Oxyd. F.* Unauflöslich. *Red. F.* Auf Kohle wird es reducirt; das Metall verflüchtigt sich, oxydirt sich dabei wieder und beschlägt die Kohle mit Zinkoxyd. Bei gutem Feuer kann selbst eine Zinkflamme hervorgebracht werden.	Nimmt eine schöne gelblich grüne Farbe an, die nach völligem Erkalten am deutlichsten ist.

Metalloxyde u. Metallsäuren nach alphabetischer Ordnung.	*Verhalten für sich auf Kohle etc.*	*Verhalten zu Borax auf Platindraht*	*Verhalten zu Phosphorsalz auf Platindraht*	*Verhalten zu Soda*	*Verhalten zu Kobaltsolution im Oxydationsfeuer.*
	im Oxydations- und Reductionsfeuer.				
49) Zinkoxyd.	Zinks setzt sich als Oxyd auf einer anderen Stelle der Kohle an und bildet einen deutlichen Beschlag, der anfangs gelblich erscheint, unter der Abkühlung aber weiss wird.	*Red. F.* Das gesättigte Glas wird beim ersten Anblasen unklar und graulich (weil sich bei unvollkommener Schmelzung desselben ein Theil des Oxydes ausscheidet), nach längerem Blasen aber wieder klar. Auf Kohle wird das Oxyd nach und nach reducirt; das reducirte Metall wird aber sogleich flüchtig, oxydirt sich wieder, und beschlägt die Kohle.			
50) Zinnoxyd.	*Oxyd. F.* Das Oxydul brennt, angezündet, wie Zunder und verwandelt sich in Oxyd. Das Oxyd leuchtet stark und erscheint, so lange es heiss ist, gelblich, wird aber unter der Abkühlung schmutzig gelblichweiss. *Red. F.* Das Oxyd kann bei anhaltend starkem Feuer zu Metall reducirt werden,	*Oxyd. F.* In geringer Menge und sehr langsam zum klaren, farbl. Glase auflöslich, das unter der Abkühlung klar bleibt und auch nicht unklar geflattert werden kann. Ein gesättigtes, ganz kalt gewordenes Glas bis zum schwachen Glühen erbitzt, wird unklar, verliert seine runde Form und zeigt	*Oxyd. F.* In geringer Menge und sehr langsam zum klaren, farblosen Glase auflöslich, das auch unter der Abkühlung klar bleibt. *Red. F.* Das oxydhaltige Glas wird nicht verändert, weder auf Platindraht noch auf Kohle.	*Oxyd. F.* Auf Platindraht verbindet es sich mit Soda unter Brausen zu einer aufgeschwollenen unschmelzbaren Masse. *Red. F.* Auf Kohle wird es zu metallischem Zinn reducirt.	Nimmt eine blaugrüne Farbe an, die erst nach völliger Abkühlung richtig gesehen werden kann.

Metalloxyde u. Metallsäuren nach alphabetischer Ordnung.	*Verhalten für sich auf Kohle etc.*	*Verhalten zu Borax auf Platindraht*	*Verhalten zu Phosphorsalz auf Platindraht*	*Verhalten zu Soda*	*Verhalten zu Kobaltsolution im Oxydationsfeuer.*
	im Oxydations- und Reductionsfeuer.				
50) Zinnoxyd.	wobei sich gewöhnlich ein geringer, der Probe nahe liegender Beschlag von Zinnoxyd bildet.	undeutliche Krystallisation. *Red. F.* Ein noch ungesättigtes Glas erleidet keine Veränderung. Auf Kohle kann aus einem Glase, welches viel Oxyd aufgel. enthält, ein Theil desselben reducirt werden.			

Alphabetisches Register.

Die Oxyde und Salze sind bei den betreffenden Metallen verzeichnet.

Druck von Leopold & Bär in Leipzig.

GPSR Compliance

The European Union's (EU) General Product Safety Regulation (GPSR) is a set of rules that requires consumer products to be safe and our obligations to ensure this.

If you have any concerns about our products, you can contact us on ProductSafety@springernature.com

In case Publisher is established outside the EU, the EU authorized representative is:

Springer Nature Customer Service Center GmbH
Europaplatz 3
69115 Heidelberg, Germany

Batch number: 10682439

Printed by Printforce, the Netherlands